Skripte zur Physik

Elektrizitätslehre

von

Christian Wyss

Skripte zur Physik

Elektrizitätslehre

von

Christian Wyss

mathema

 tredition

© 2024 Dr. Christian Wyss

Verlagslabel: mathema (www.mathema.ch)

ISBN   Hardcover: 978-3-384-38740-0
       Paperback: 978-3-384-38739-4

Auflage 1.0

Druck und Distribution im Auftrag des Autors:
tredition GmbH, Heinz-Beusen-Stieg 5, 22926 Ahrensburg, Germany

Die Philosophie steht in diesem grossen Buch geschrieben, das unserem Blick
ständig offen liegt – ich meine das Universum –; aber das Buch ist nicht zu
verstehen, wenn man nicht zuvor die Sprache erlernt und sich mit den Buchstaben
vertraut gemacht hat, in denen es geschrieben ist. Es ist in der Sprache der
Mathematik geschrieben, und deren Buchstaben sind Kreise, Dreiecke und andere
geometrische Figuren, ohne die es dem Menschen unmöglich ist, ein einziges Bild
davon zu verstehen; ohne diese irrt man in einem dunklen Labyrinth herum.

Galileo Galilei: *„Il Saggiatore"* (1623)

Inhaltsverzeichnis

Einleitende Worte

Die Skripte zur Physik sind im Rahmen des gymnasialen Unterrichts entstanden und sind primär als *unterrichtsbegleitendes Material* konzipiert. Sie können jedoch auch als eigenständiges Lern- und Übungsmaterial eingesetzt werden.

Die Skripte enthalten *Lückentexte*. Sie dienen der Festigung des erworbenen Wissens und sollten im Plenum mit der gesamten Klasse ausgefüllt werden. Diese handschriftlichen Einträge helfen, die Schlüsselbegriffe und Aussagen zu verinnerlichen und Herleitungen und Beweise besser nachzuvollziehen.

Zu den Inhalten

Einführung in die Wellenlehre

Behandelte Inhalte

Der erste Teil dieser Einführung in die Wellenlehre behandelt schwingende Systeme. Grundbegriffe wie Elongation, Amplitude, Frequenz und Periode werden eingeführt und auf das Faden- und Federpendel angewendet. Gedämpfte und erzwungene Schwingungen werden im Detail betrachtet. Die Schwingungen leiten schliesslich zu den Wellen über, die als Reihe gekoppelter Pendel verstanden werden. Verschiedene Wellentypen (Longitudinal- und Transversalwellen, Polarisation) werden ebenso besprochen wie die beschreibenden Grössen Amplitude, Frequenz und Wellenlänge, aus denen die Ausbreitungsgeschwindigkeit abgeleitet wird. Wichtige Beispiele für Wellen wie Schallwellen, Wasserwellen, seismische Wellen und elektromagnetische Wellen, werden diskutiert. Es werden auch Schallleistung, Schallpegel und die psychoakustische Phonskala behandelt. Die Überlagerung von Wellen (Interferenz, Schwebung, stehende Wellen) wird eher intuitiv als formal behandelt. Zum Abschluss wird der akustische Dopplereffekt thematisiert.

Notwendiges Vorwissen

Dieses Skript setzt voraus, dass die Grundlagen der klassischen Mechanik bekannt sind, insbesondere die verschiedenen Energieformen wie kinetische und potentielle Energie sowie die Dynamik von Massen (Kräfte). Um die physikalischen Kernaussagen klar verständlich zu halten, wird bewusst auf ein einfach zugängliches mathematisches Niveau geachtet. Grundlegende Kenntnisse in Algebra sind jedoch erforderlich. Ausserdem sollten die Schülerinnen und Schüler mit trigonometrischen Funktionen im Bogenmass sowie für die Behandlung des Pegels mit dem Logarithmus vertraut sein.

Fortgeschrittene Wellenlehre

Behandelte Inhalte

Dieses Skript ergänzt, präzisiert und erweitert die Inhalte des Skripts „Einführung in die Wellenlehre". Dabei werden weitgehend dieselben physikalischen Phänomene behandelt wie in der Einführung, jedoch bewusst auf einem wesentlich höheren mathematischen Niveau. Ziel ist es, aufzuzeigen, wie Konzepte der höheren Mathematik in der Physik angewendet werden können. Das Skript richtet sich daher vorwiegend an Schülerinnen und Schüler, die das Schwerpunktfach bzw. den Leistungskurs in Mathematik und Physik belegen.

Notwendiges Vorwissen

Vorausgesetzt wird, dass die „Einführung in die Wellenlehre" bereits behandelt wurde und den Studierenden die Grundlagen der klassischen Mechanik und der Elektrizitätslehre (insbesondere auch die Kenntnis der Kapazität und der Induktivität) bekannt sind. Neben grundlegenden arithmetischen und algebraischen Fähigkeiten wird erwartet, dass die Schülerinnen und Schüler in der Lage sind, Funktionen abzuleiten. Idealerweise sollten auch Differentialgleichungen und Taylorreihen bereits behandelt worden sein. Der sichere Umgang mit den Additionstheoremen und/oder mit der Arithmetik der komplexen Zahlen, insbesondere unter Anwendung der Eulerschen Identität, sind ebenfalls notwendige Vorkenntnisse. Fourier-Reihen werden nur qualitativ besprochen und könnten allenfalls ergänzend im Mathematikunterricht behandelt werden. Für die Herleitung der Wellengleichung sind zudem grundlegende Kenntnisse in der Vektorrechnung erforderlich, insbesondere das Skalar- und Vektorprodukt.

Strahlenoptik

Behandelte Inhalte

Im ersten Teil wird die geradlinige Ausbreitung von Licht eingeführt und damit verschiedene Phänomene erklärt, darunter Mondphasen, Mond- und Sonnenfinsternisse, Schattenprojektionen und die Camera Obscura. Im Weiteren werden das Reflexions- und das Brechungsgesetz erläutert und auf vielfältige Phänomene in Natur und Technik angewendet. Zum Abschluss werden Abbildungssysteme mit gewölbten Spiegeln und Linsen behandelt.

Notwendiges Vorwissen

Dieses Skript setzt kein Vorwissen aus dem gymnasialen Curriculum voraus. Das Berechnungsgesetz kann entweder mithilfe des Snell'schen Gesetzes (vorausgesetzt wird die Kenntnis der Sinusfunktion) oder anhand einer Grafik behandelt werden. Kenntnisse der mathematischen Ähnlichkeiten sind von Vorteil.

Wellenoptik

Behandelte Inhalte

Licht wird als elektromagnetische Welle eingeführt und der Brechungsindex wird als das Inverse der relativen Ausbreitungsgeschwindigkeit interpretiert. Damit werden Dispersion und chromatische Aberration erklärt. Die Farbwahrnehmung des Menschen wird besprochen. Mit Hilfe des Huygens'schen Prinzips werden die geradlinige Ausbreitung, das Reflexionsgesetz und das Brechungsgesetz hergeleitet. Die Beugung am Spalt, am Doppelspalt und am Gitter wird detailliert behandelt, ebenso wie verschiedene Anwendungen (Monochromatoren, Farben von CDs etc.), insbesondere auch das Auflösungsvermögen optischer Instrumente. Die Interferenz an dünnen Schichten wird ebenfalls besprochen. Phänomene der Polarisation werden erläutert, darunter das Experiment von Malus, Polarisation bei Reflexion (Brewster-Winkel), die Polarisation des Sonnenlichts, optische Aktivität und die Doppelbrechung.

Notwendiges Vorwissen

Die Strahlenoptik sollte bereits zuvor behandelt worden sein. Grundlegende Kenntnisse in Algebra, insbesondere Vertrautheit mit der Sinusfunktion, sind ebenfalls erforderlich.

Einführung in die Elektrizitätslehre

Ein Blitz ist in der Natur eine Funkenentladung oder ein kurzzeitiger Lichtbogen zwischen Wolken oder zwischen Wolken und der Erde auf Grund der hohen Spannung zwischen Erde und Wolken. In aller Regel tritt ein Blitz während eines Gewitters infolge einer elektrostatischen Aufladung der wolkenbildenden Wassertröpfchen oder der Regentropfen auf. Dabei werden elektrische Ladungen (Elektronen oder Gas-Ionen) ausgetauscht, das heisst, es fliessen elektrische Ströme. Obwohl Gewitterblitze zu den am längsten studierten Naturphänomenen gehören, sind die der natürlichen Blitzentstehung zugrundeliegenden physikalischen Gesetzmässigkeiten bis heute noch nicht bis ins letzte Detail erforscht. In der Bibel werden Blitze (und Donner) zum Beispiel für den Zorn Gottes verwendet. Die Germanen deuteten den Blitz als sichtbares Zeichen dafür, dass Thor seinen Hammer zur Erde geschleudert hatte. In der Antike waren Zeus bzw. Jupiter für Blitz und Donner zuständig.

1. Die Ladung

Grundlegende Eigenschaften

In der Elektrizitätslehre wird von ..... *Ladungen* .... gesprochen. Eine Ladung ist nicht sichtbar. Die .*Anziehungen*.... von Ladungen können jedoch sichtbar sein. Ladungen können sich ....*anziehen*........ oder .....*abstossen*.... . Um alle elektrischen Phänomene, die wir kennen, erklären zu können, reichen genau .*zwei*... Ladungsarten aus. Wir nennen sie .*positiv*......... (.+..) und ..*negativ*..... (.−..). Die wichtigsten Ladungsträger sind das ..*Elektron*.. (negative Ladung) und das ..*Proton*...... (positive Ladung). In der Regel gleichen sich die negative und die positive Ladung aus und der Körper ist .*neutral*............, d.h. er ist nicht geladen.

...*neutral*............ ...*negativ*............ ...*positiv*............

Ladungstransport

Ladungen lassen sich in bestimmten Materialien verschieben, in anderen nicht.

Materialien, in denen die elektrischen Ladungen beweglich sind, heissen ....*Leiter*........... .

Materialien, bei denen die Ladungen nicht verschiebbar sind, nennen wir ...*Isolatoren*...... .

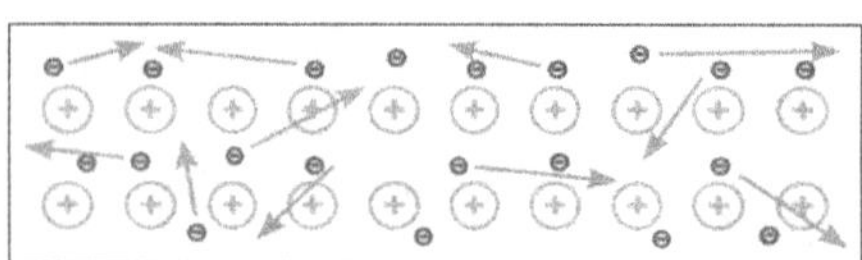

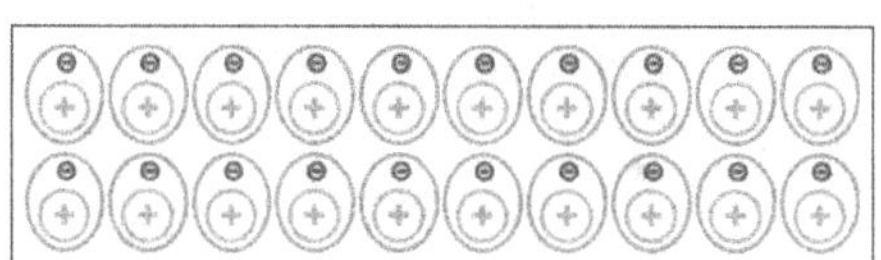

Beispiele: ...*Metalle,*..................
.....*Leitungswasser.,*..........
.....*Graphit*.....................

Beispiele: ....*Keramik,*..................
..*dest.* .....*Wasser,*..............
.....*Plastik*.....................

...*Halbleiter*......... sind Festkörper, deren elektrische Leitfähigkeit zwischen der von elektrischen Leitern und der von Nichtleitern liegt. Die Leitfähigkeit von Halbleitern hängt stark von der Temperatur ab. Jedoch auch andere äussere Grössen (wie zum Beispiel Licht) können die Leitfähigkeit von Halbleitern verändern.

Das Bändermodell

Das Bändermodell ist ein Modell zur Beschreibung von elektronischen Energiezuständen in einem Kristall. Bei der Betrachtung der elektrischen Eigenschaften eines Kristalls ist es von Bedeutung, ob die Energieniveaus in den energetisch höchsten Energiebändern (dem Valenz- und dem Leitungsband) des Kristalls nichtbesetzt, teilweise oder voll besetzt sind. Die gute elektrische Leitfähigkeit von Metallen kommt durch das teilweise besetzte Leitungsband zustande. Ein Isolator hat ein nicht besetztes Leitungsband und eine so grosse Bandlücke, dass bei Raumtemperatur und auch bei deutlich höheren Temperaturen nur sehr wenige Elektronen vom Valenz- ins Leitungsband thermisch angeregt werden. Daher leitet ein solcher Festkörperkristall leitet sehr schlecht.

Ähnlich liegen die Verhältnisse bei einem kristallinen Halbleiter, jedoch ist die Bandlücke hier so klein, dass sie durch thermische Energiezufuhr oder Absorption eines Photons (Lichtteilchens) überwunden werden kann. Ein Elektron kann ins Leitungsband angehoben werden und ist hier beweglich. Zugleich hinterlässt es im Valenzband eine Lücke, die durch benachbarte Elektronen aufgefüllt werden kann. Somit ist im Valenzband die Lücke beweglich. Man bezeichnet sie auch als Loch. Bei Raumtemperatur weist ein Halbleiter dadurch eine geringe Eigenleitfähigkeit auf, die durch Temperaturerhöhung gesteigert werden kann. Die elektrische Leitfähigkeit von Halbleitern steigt aber steil mit der Temperatur an, so dass sie bei Raumtemperatur, je nach materialspezifischem Abstand von Leitungs- und Valenzband, mehr oder weniger leitend ist.

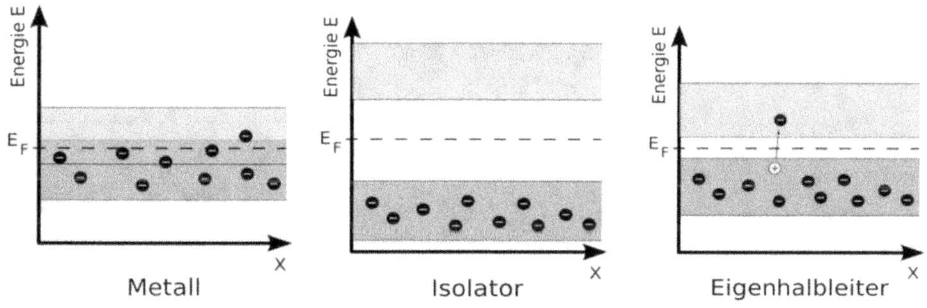

Ladungserhaltung

Ladung kann zwar verschoben werden, sie kann jedoch nicht ....*erzeugt*..... oder ..*Vernichtet*....... werden. In einem ...*abgeschlossenen*... System ist die elektrische Ladung konstant.

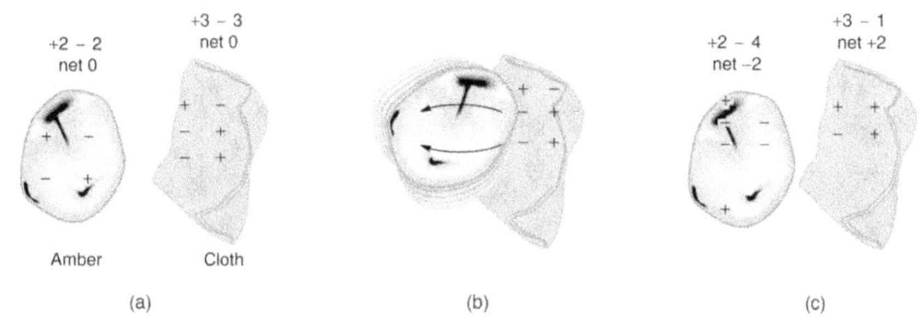

Die Einheit der Ladung

Die Ladung ist eine weitere Grundgrösse der Physik.
Wir führen für die Ladung also eine weitere Einheit ein:

Ladung Q $[Q] = Coulomb = C$

Das Coulomb ist eine sehr grosse Einheit. Ein Coulomb ent‑
hält $6'240'000'000'000'000'000 = 6.24 \cdot 10^{18}$ Elektronen.

Aufgabe 1: Es gibt eine kleinste Ladung, die nicht mehr in
Teile zerlegt werden kann, die Elementarladung e.
Ein Elektron trägt eine negative Elementarladung e.
Berechne die Elementarladung in Coulomb, wenn wir
wissen, dass ein Coulomb $6.24 \cdot 10^{18}$ Elementarladungen
enthält.

Die elektrische Ladung beträgt stets ein *ganzzahliges*
Vielfaches der **Elementarladung** e = $1.602 \cdot 10^{-19}$ C.

Aufgabe 2: Beim Reiben eines Kunststoffstabs mit einem
Wolltuch erhält der Stab eine Ladung von 0.8 µC. Wie
viele Elektronen werden dabei vom Tuch auf den Stab
übertragen?

Aufgabe 3: Statische Aufladungen durch Reibungselektrizität
sind im Alltag häufig. Diese Aufladungen entstehen
beispielsweise beim Kämmen, insbesondere durch
Reibung zwischen Kamm und Haar. Ebenso können sie
beim Gehen auf Filzböden zwischen den Schuhsohlen
und dem Boden oder beim Abziehen eines Klebebands
von der Rolle zwischen dem Kleber und dem Band
auftreten – das Band neigt dazu, wieder an der Rolle zu
haften. Manchmal spüren wir sogar einen leichten
elektrischen Schlag. Aber was genau ist statische
Aufladung? Erläutere die folgenden Fragen:
a) Was bedeutet es, wenn ein Körper „elektrisch
   neutral" ist?
b) Was bedeutet es, wenn ein Körper „elektrisch
   geladen" ist?
c) Welcher Ladungsträger ist im Überschuss, wenn ein
   Körper positiv bzw. wenn er negativ geladen ist?

Charles Augustin de Coulomb
(*1736 Angoulême; † 1806 Paris)

Objekt / Körper	Ladung [C]
Elektron	$-1.6 \cdot 10^{-19}$
Urankern	$1.5 \cdot 10^{-17}$
typische Schulversuche	10^{-7}
Kondensatoren	10^{-3}
atmosphärische Blitz	$1 - 10$
Erdoberfläche	$9 \cdot 10^{5}$

2. Der Gleichstrom

Das Wassermodell

Die elektro-hydraulische Analogie kann beim Verständnis von Gleichströmen helfen:

Wassermodell	Gleichstrom
H_2O-Moleküle	Elektronen
Pumpe	Batterie
Wasserrad	Verbraucher
Ventil	Schalter
Röhren	Leitung / Kabel
Wasservolumen V $[V] = m^3$	Ladung Q $[Q] = C$
$\text{Wasserstrom} = \dfrac{\text{Volumen}}{\text{Zeit}}$ $[\text{Wasserstrom}] = \dfrac{m^3}{s}$	$\text{Strom} = \dfrac{\text{Ladung}}{\text{Zeit}}$ $[\text{Strom}] = C/s$
$\text{Druckdifferenz} = \dfrac{\text{Kraft}}{\text{Fläche}} = \dfrac{\text{Arbeit}}{\text{Volumen}}$ $[\text{Druckdifferenz}] = \dfrac{J}{m^3}$	$\text{Spannung} = \dfrac{\text{Arbeit}}{\text{Ladung}}$ $[\text{Spannung}] = J/C$

Der Strom

Fliesst Wasser durch ein Rohr, wird die Stärke des Wasserstroms
durch die pro Zeiteinheit fliessende Wassermenge bestimmt.
Analog dazu wird die Stärke des elektrischen Stroms durch die
Menge der pro Zeiteinheit fliessenden Ladungen gemessen:

$$\text{Strom} = \frac{\text{Ladung}}{\text{Zeit}} \qquad I = \frac{Q}{t}$$

$$[I] = \frac{C}{s} = \text{Ampère} = A$$

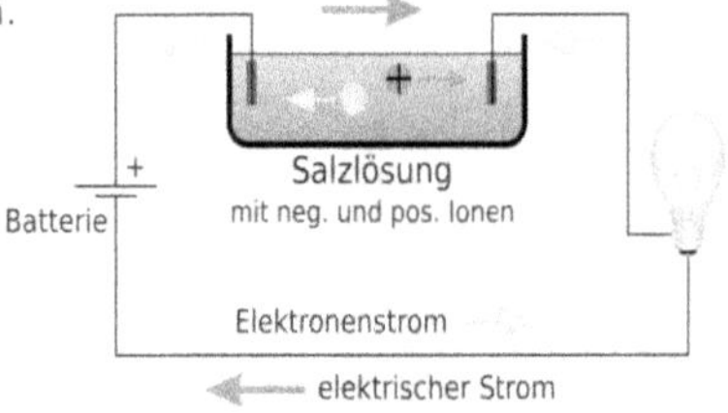

André-Marie Ampère
(*1775 bei Lyon, † 1836 Marseille)

Aufgabe 4: Eine Batterie liefert eine Stunde lang einen gleich-
bleibenden Strom von 1 A.

    a) Wie viele Elektronen fliessen in dieser Zeit durch
       die Batterie?

    b) Ändert sich die elektrische Ladung der Batterie während dieses Vorgangs?

    c) Was bedeutet der Ausdruck „die Batterie wird entladen" genau?

Aufgabe 5: Ein konstanter Strom von 2.0 A fliesst durch einen Draht.

    a) Berechne die elektrische Ladung, die in 5 Minuten durch den Draht fliesst.

    b) Bestimme die Anzahl der Elektronen, die dieser Ladung entsprechen.

Aufgabe 6: An eine Batterie wird eine Lampe angeschlossen.
In welche Richtung bewegen sich die Elektronen im
Leiter? In welche Richtung fliesst der elektrische Strom?

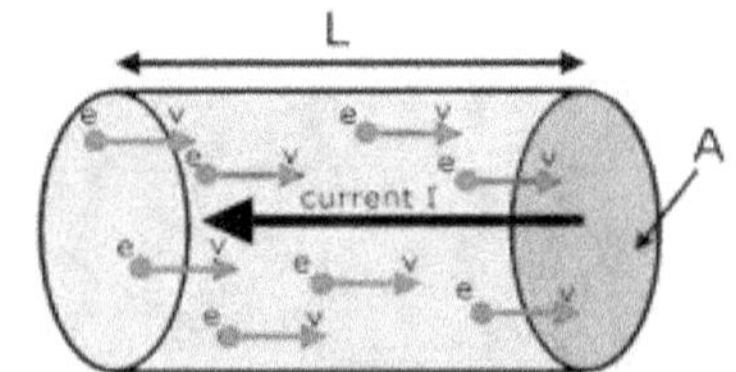

Die Elektronen fliessen von ...... nach ...+.. .

Die technische Stromrichtung ist von ..+... nach ....

★ *Aufgabe 7:* Wenn Du einen Lichtschalter betätigst, geht das Licht nahezu verzögerungsfrei an. Bedeutet das, dass sich die Elektronen im Draht sehr schnell bewegen? Nicht unbedingt. Man
kann sich das ähnlich vorstellen wie bei einem mit Wasser gefüllten Schlauch: Die hinteren
Wassermoleküle schieben die vorderen fast ohne Verzögerung an. Es stellt sich also die Frage:
Wie schnell bewegen sich die Elektronen durch den
Draht? Betrachten wir dazu einen Aluminiumdraht mit
einem Querschnitt von $A = 1\ mm^2$, durch den ein
Strom von $I = 1$ A fliesst. In Aluminium gibt jedes Atom
ein Elektron an die Leitungselektronen ab. Die Anzahl
der Elektronen pro Volumen beträgt $n = 6 \cdot 10^{28}\ m^{-3}$.

Die Elektronen in einem Leiter fliessen nur sehr ...langsam...... (Driftgeschwindigkeit).

Der Strom breitet sich fast mit ...Lichtgeschwindigkeit. (ca. 300'000 km/s) aus.

Die Spannung

Die Leistung, die eine Wasser-
strömung beim Antreiben einer
Turbine erbringt, hängt von der
Strömungsmenge ab. Ebenso entscheidend ist der dabei zu überwindende Druck. Diese Druck-
differenz bestimmt, wie viel Arbeit
eine bestimmte Wassermenge
verrichten kann. In Analogie dazu
wird im elektrischen Stromkreis die
Spannung angegeben.

Alessandro Giuseppe Antonio Anastasio Graf von Volta
1745 in Como, † 1827 bei Como (Italien).
Allessandro Volta demonstriert Napoleon Bonaparte seine Batterie.

$$\text{Spannung} = \frac{\text{Arbeit}}{\text{Ladung}} \qquad U = \frac{W}{Q}$$

$$[U] = \frac{J}{C} = \text{Volt} = V$$

Aufgabe 8: Durch einen Motor fliesst eine Ladungsmenge von 1 Coulomb bei einer Spannung
von 220 Volt. Wie viel Arbeit verrichtet diese Ladung?

Aufgabe 9: Eine Glühlampe gibt 10'000 Joule Strahlungsenergie ab. Wie viel Ladung muss
durch die Lampe fliessen, wenn die anliegende Spannung 110 Volt beträgt?

Aufgabe 10: Die Kapazität einer Batterie beträgt 4'200 Coulomb Ladung und hat eine Spannung
von 12 Volt. Der Strom beträgt 12 mA.

   a) Wie lange dauert es, bis die Batterie entladen ist?
   b) Wie viel Arbeit (z.B. in einem Elektromotor) verrichtet 1 Coulomb Ladung, das aus
      der Batterie durch den Verbraucher fliesst?
   c) Wie viel Arbeit ist insgesamt in der Batterie gespeichert?
   d) In welcher Form ist diese Energie in der Batterie gespeichert?
   e) Welche Leistung gibt die Batterie ab?

★ *Aufgabe 11:* Ein Pingpong-Ball (m = 5 g) berührt eine Platte eines Plattenkondensators (zwei
   parallele, geladen Metallplatten), der mit einer Spannung von 10'000 Volt geladen ist, und
   wird dabei mit 1 µC aufgeladen. Der Ball wird nun gleichmässig in Richtung der gegenüberliegenden Platte beschleunigt.

   a) Welche kinetische Energie hat der Ball unmittelbar vor
      dem Aufprall auf die zweite Platte?
   b) Welche Geschwindigkeit hat der Ball unmittelbar vor dem
      Aufprall?
   c) Der Flug dauert 0.15 Sekunden. Welche Beschleunigung
      erfährt der Ball?
   d) Wie weit sind die Platten voneinander entfernt?
   e) Welche Kraft wirkt während des Flugs auf den Ball?

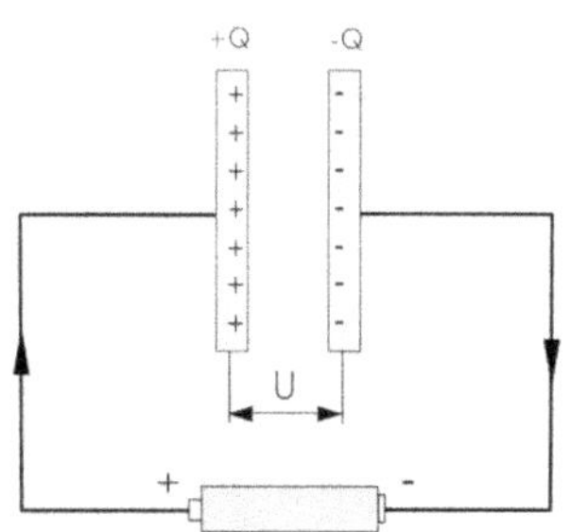

Das Ohm'sches Gesetz

Wenn wir einen Strom I messen wollen, so müssen wir ein Messgerät .in...Serie. zum Widerstand schalten. Wenn wir eine Spannung U über einem Widerstand messen wollen, so wird das Messgerät parallel. zum Widerstand geschaltet.

In einem *Ohm'schen Leiter* ist die Stromstärke ......proportional... zur Spannung.

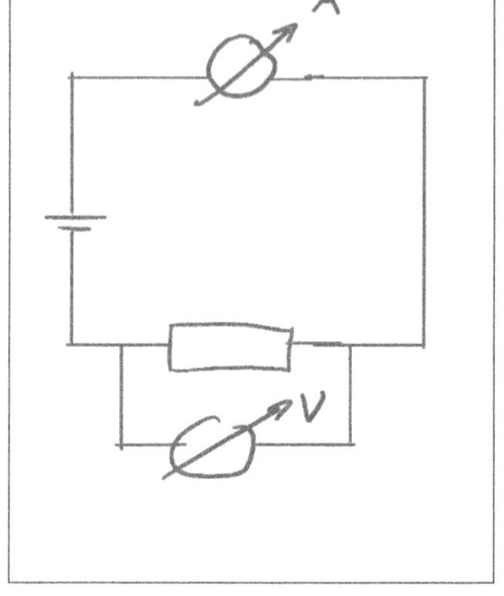

$$\text{Widerstand} = \frac{U}{I} \qquad R = \frac{U}{I}$$

$$[R] = \frac{V}{A} = Ohm = \Omega.$$

Der Widerstand des Strommessgeräts (.Ampère-meter...) muss möglichst ..klein.. sein.

Der Widerstand des Spannungsmessgeräts (.Volt-meter..) muss möglichst ..gross.. sein.

Aufgabe 12: Durch einen Widerstand fliesst ein Strom von 0.2 A bei einer Spannung von 15 Volt. Wie gross ist R?

Aufgabe 13: Ein Strom der Stärke 1.5 A fliesst durch einen Draht mit einem Widerstand von 3 Ω. Wie gross ist der Spannungsabfall über den Draht hinweg?

Aufgabe 14: Eine Glühlampe hat einen Widerstand von 200 Ω. Wie gross ist die angelegte Spannung, wenn der Strom 0.7 Ampère beträgt?

Aufgabe 15: Eine Kochplatte hat einen Widerstand von 5 Ω. Wie gross ist der Strom, wenn die Spannung 380 Volt beträgt?

U [........]	I [........]

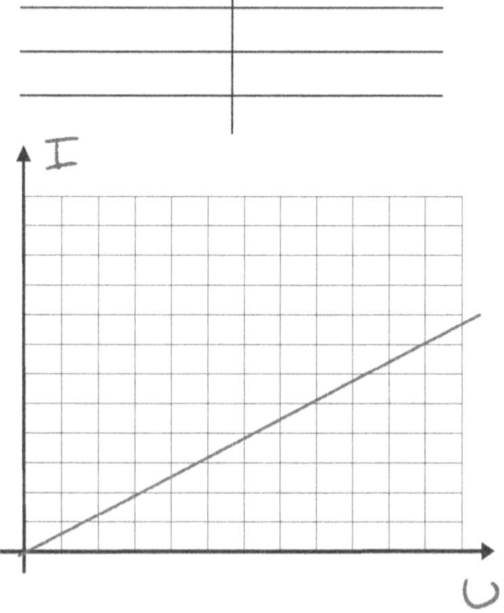

Aufgabe 16: Die Abbildung zeigt Kennlinien
von Kupferdrähten mit einem Querschnitt
von $A = 1$ mm^2, jedoch unterschiedlichen
Längen. Ordne den Längen $l = 500$ m,
$l = 1'000$ m und $l = 2'000$ m die
entsprechenden Kennlinien zu.

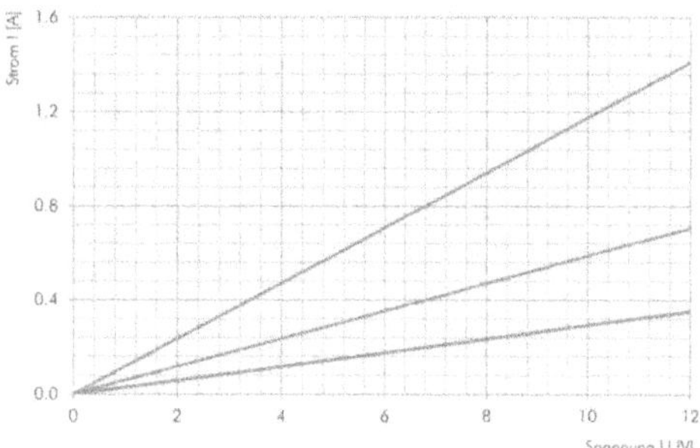

Aufgabe 17: Die Abbildung zeigt Kennlinien von
Kupferdrähten mit der Länge $l = 1'000$ m,
jedoch unterschiedlichen Querschnittsflächen. Ordne den Querschnittsflächen
$A = 1$ mm^2, $A = 2$ mm^2, $A = 4$ mm^2 die
entsprechenden Kennlinien zu.

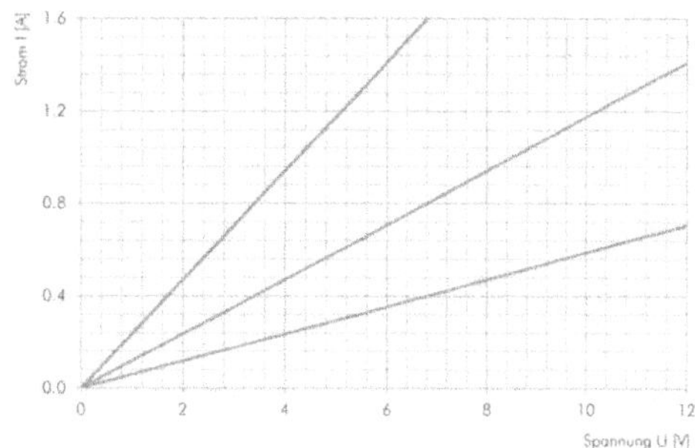

Aufgabe 18: Die Figur zeigt Kennlinien von
Drähten aus unterschiedlichen Materialien
mit der Länge $l = 1'000$ m und der Querschnittsfläche von 2 mm^2. Welche Kennlinie
gehört zu Kupfer, Gold bzw. Wolfram?

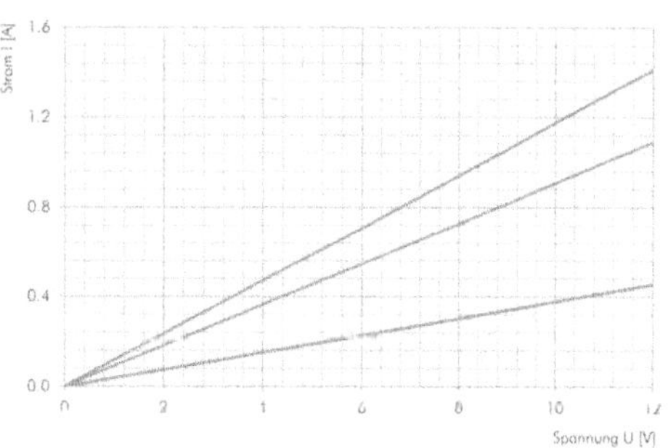

Für einen Ohm'schen Leiter ist der Widerstand R

...**konstant**..... . Der Widerstand ist eine

Grösse, die von der ...**Länge**...... und der

...**Querschnittsfläche**... des Drahtes

und dem ...**Material**....... des Leiters abhängt.

Widerstand eines Leiters R = ...$\varrho \cdot \dfrac{e}{A}$...

ρ: spezifischer Widerstand mit $[\rho] = $ ...$\Omega \cdot$ m.

Stoff	ρ [$\Omega \cdot$m]
Aluminium (20°C)	$2.82 \cdot 10^{-8}$
Kupfer (20°C)	$1.7 \cdot 10^{-8}$
Gold (20°C)	$2.44 \cdot 10^{-8}$
Wolfram (20°C)	$5.3 \cdot 10^{-8}$
Wolfram (1000°C)	$33 \cdot 10^{-8}$
Wolfram (2000°C)	$70 \cdot 10^{-8}$
Wolfram (3000°C)	$113 \cdot 10^{-8}$
Kohle (20°C)	$5000 \cdot 10^{-8}$
Porzellan (20°C)	$3 \cdot 10^{12}$

Der spezifische Widerstand ist unabhängig von der
Geometrie des Leiters. Er charakterisiert im Wesentlichen
die Eigenschaften des Materials.

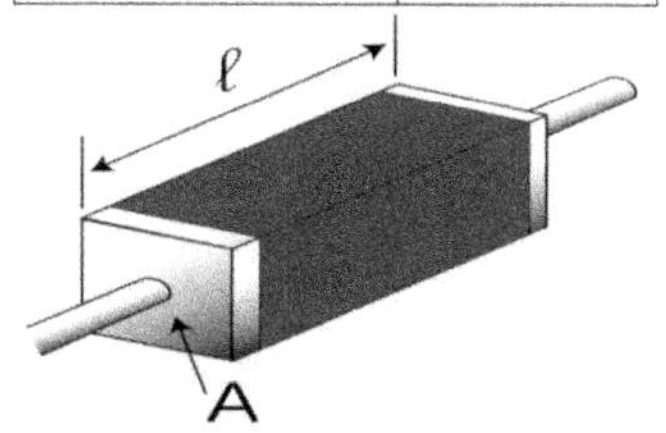

Aufgabe 19: Warum werden wichtige Steckverbindungen oft mit Gold beschichtet? Wäre Kupfer nicht geeigneter, da es besser leitet?

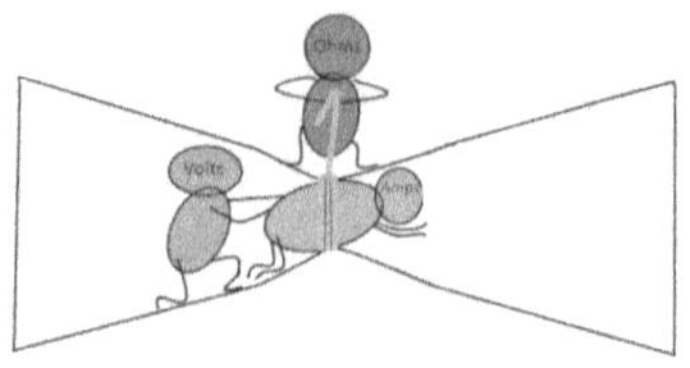

Aufgabe 20: Warum werden Glühdrähte aus Wolfram hergestellt? Wäre Kupfer nicht geeigneter, da es besser leitet?

Aufgabe 21: Ein Draht mit einem Radius von 0.65 mm und einem spezifischen Widerstand von $1.0 \cdot 10^{-6}$ Ωm soll einen Gesamtwiderstand von 2 Ω haben. Wie lang muss der Draht sein?

Aufgabe 22: Eine Spule besteht aus 1'000 Windungen eines Kupferdrahts mit einem Querschnitt von A = 0.2 mm^2. Der Durchmesser der Spule beträgt 3 cm. Wie gross ist der elektrische Widerstand dieser Spule?

Aufgabe 23: Die Abbildungen zeigen die Kennlinien verschiedener Glühdrähte. Erfüllen diese Drähte das Ohm'sche Gesetz? Leiten die Drähte bei allen Spannungen gleich gut? Welcher Draht zeigt bei steigender Spannung eine Verbesserung der Leitfähigkeit, und bei welchem verschlechtert sich diese, d.h. bei welchem Draht nimmt der Widerstand mit zunehmender Spannung ab, und bei welchem nimmt er zu? Mit steigender Spannung erhöht sich auch der Strom und damit die Temperatur. Welcher Draht zeigt bei niedrigen Temperaturen eine gute Leitfähigkeit (Kaltleiter), und welcher leitet besser bei hohen Temperaturen (Heissleiter)?

Georg Simon Ohm (1787-1854)

Metallfadenlampe (Glühlampe)

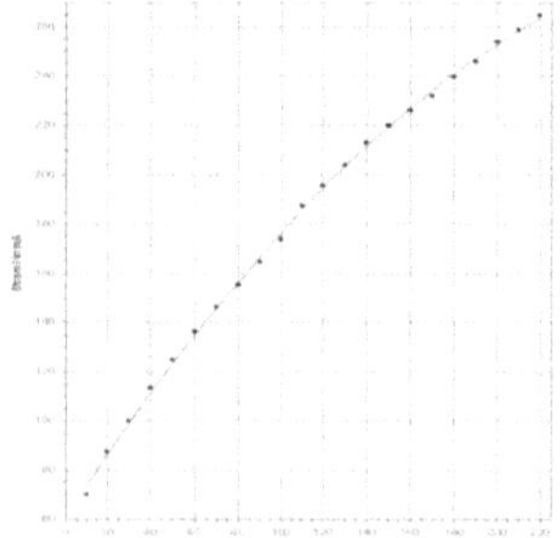

Kohlenfadenlampe

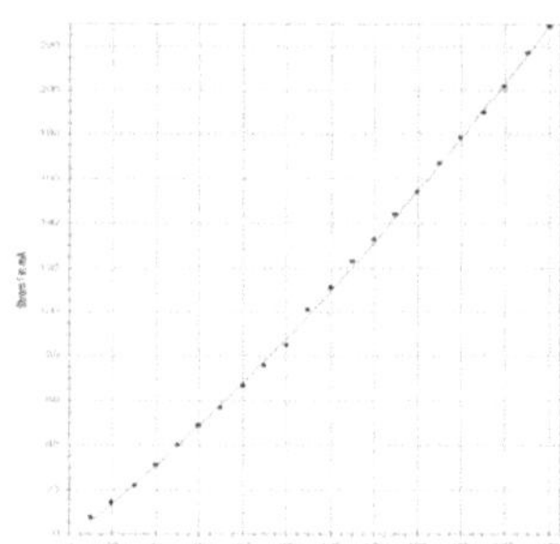

Je steiler die Kennlinie im I-U-Diagramm ist, desto …kleiner… ist der Widerstand des Leiters.

Der Widerstand kann auch von der …Temperatur… oder von anderen äusseren Grössen, sowie zum Beispiel von der Lichtintensität, der Stromrichtung etc. abhängig sein.

Die elektrische Leistung

Strom ermöglicht den Betrieb von Heizungen, die Erzeugung von Licht, den Antrieb von Motoren und vieles mehr. Ganz allgemein verrichtet Strom Arbeit aus oder erzeugt Wärme.

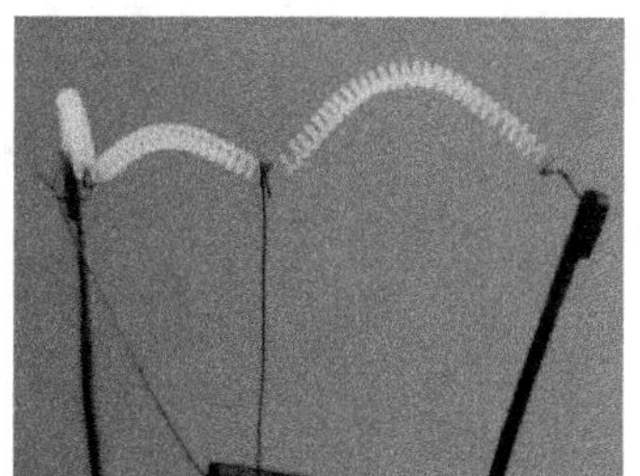

Leistung des Gleichstroms ist … proportional .. zur Stromstärke und zur Spannung.

$$P = U \cdot I$$

$$[P] = V \cdot A = \frac{J}{C} \cdot \frac{C}{s} = \frac{J}{s} = \text{Watt} = W$$

Denn es gilt: $I = \dfrac{Q}{t}$ und $U = \dfrac{W}{Q}$

Der Strom verrichtet demnach die Leistung:

$$P = \frac{W}{t} = \frac{W}{Q} \cdot \frac{Q}{t} = U \cdot I$$

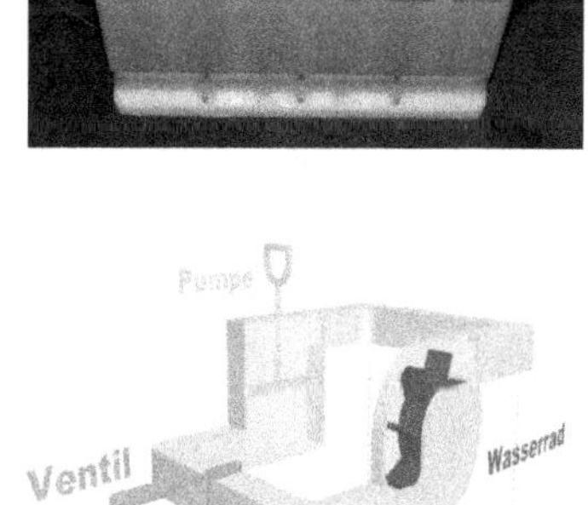

Aufgabe 24: Ein 12 V Bleiakkumulator in einem Auto versorgt einen Scheinwerfer mit einem Strom von I = 3 A.
   a) Wie hoch ist die Leistung des Akkumulators?
   b) Welche Arbeit verrichtet der Akku in einer Stunde?

Aufgabe 25: Ein 10 kΩ Widerstand mit einer maximalen Leistung von 0.25 W wird in einer Schaltung verwendet. Wie gross ist die maximal zulässige Stromstärke und die maximale Spannung?

Aufgabe 26: Ein MP3-Player wird von einer Batterie mit einer Kapazität von 36 kC und einer Spannung von 4,5 Volt betrieben. Der Widerstand des Motors beträgt 100 Ω. (Die Teilaufgaben können in beliebiger Reihenfolge bearbeitet werden.)
   a) Wie gross ist der Strom, der durch den Player fliesst?
   b) Wie lange kann der MP3-Player betrieben werden?
   c) Wie viel elektrische Energie wird in dieser Zeit von der Batterie abgegeben?
   d) Wie hoch ist die Leistung des Motors?

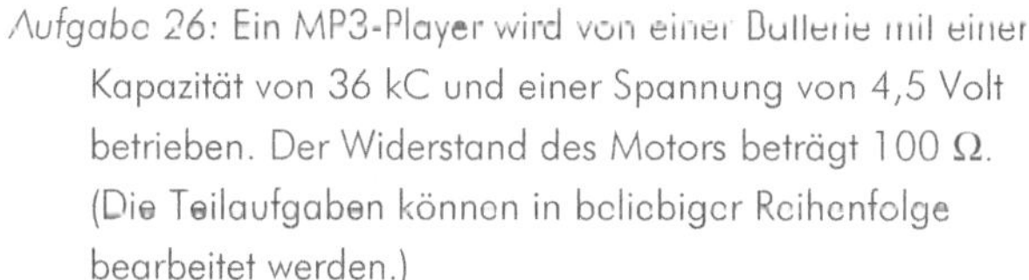

Aufgabe 27: Ein Heizofen wird mit einer Spannung von 220 Volt betrieben und gibt in einem Zeitraum von 2 Stunden insgesamt 8'000'000 Joule Wärme ab.
   a) Welche Leistung wird vom Heizofen abgegeben?
   b) Wie viel elektrische Ladung ist während dieses Zeitraums durch den Heizofen geflossen?
   c) Wie hoch ist der Strom, der durch den Heizofen fließt?
   d) Welchen Widerstand hat der Heizofen?

Aufgabe 28: Die Intensität der Sonnenstrahlung ausserhalb der Atmosphäre beträgt 1360 W/m². 58.5 % der Strahlung erreichen die Erdoberfläche. Diese Strahlung trifft auf eine Solarzelle mit den Abmessungen 1425 x 990 mm².

a) Welche Leistung trifft pro Quadratmeter auf der Erdoberfläche auf?

b) Wie gross ist die Fläche der Solarzelle?

c) Die Solarzelle liefert 7 A bei 24 V. Welchen Wirkungsgrad weist die Solarzelle auf?

★ *Aufgabe 29:* Um das Risiko eines Brandes durch die Erwärmung von Stromleitungen in einem Haus zu minimieren, müssen diese ausreichend niederohmig sein. Welchen Durchmesser muss ein Kupferdraht haben, damit er bei einer maximalen Wärmeentwicklung von 2 W/m sicher einen Strom von 10 A leitet (d.h. ein Meter Draht darf nicht mehr als 2 W Wärme abgeben)?

★ *Aufgabe 30:* Ein Van-de-Graaff-Generator ist eine Apparatur zur Erzeugung hoher elektrischer Spannungen. Ein umlaufendes elektrisch isolierendes Band, beispielsweise ein Gummiband (3), wird durch Reibung elektrisch aufgeladen. Die Ladung wird durch die Bewegung des Bandes in das Innere der im Bild sichtbaren metallischen Hohlkugel (4) transportiert und dort durch eine mit der Kugel leitend verbundenen Bürste (5) vom Band „abgestreift". Die Kugel kann dadurch auf immer höhere Spannung aufgeladen werden. Ein Van-de-Graaff-Generator hat ein Band, das eine Oberflächenladungsdichte von 5 mC/m² trägt. Das Band ist 0.5 m breit und bewegt sich mit einer Geschwindigkeit von 20 m/s.

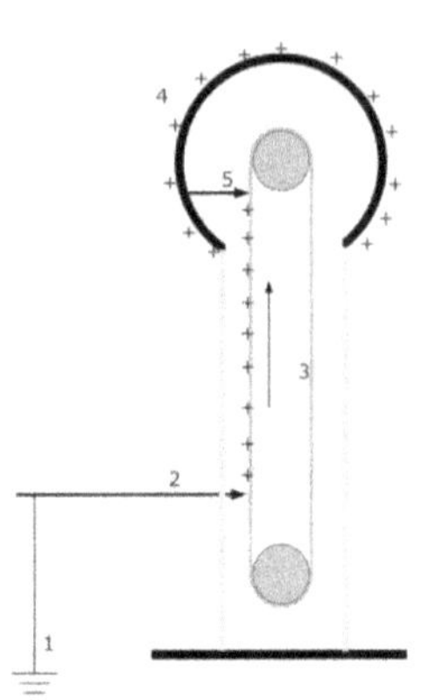

a) Wie gross ist die resultierende Stromstärke?

b) Die zu überwindende Spannung beträgt 100 kV. Welche minimale Leistung muss der Motor für den Betrieb des Bands aufbringen?

(Nebenstehendes Bild: Internationales Warnzeichen vor gefährlicher elektrischer Spannung)

Der Strom kann keine Energie speichern. Er ist jedoch geeignet, um Energie zu transportieren. Strom wird erzeugt, transportiert und verbraucht.

Einfache Schaltkreise

Knotenregel (1. Kirchhoff'sches Gesetz)

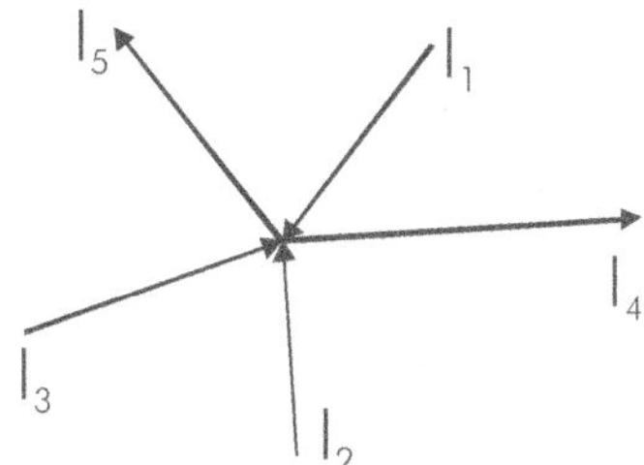

Die Summe aller Ströme, die in einen Knoten fliessen ist gleich der Summe aller Ströme, die aus dem Knoten herausfliessen.

Die Knotenregel folgt aus der

...**Ladungs**...erhaltung

Parallelschaltung

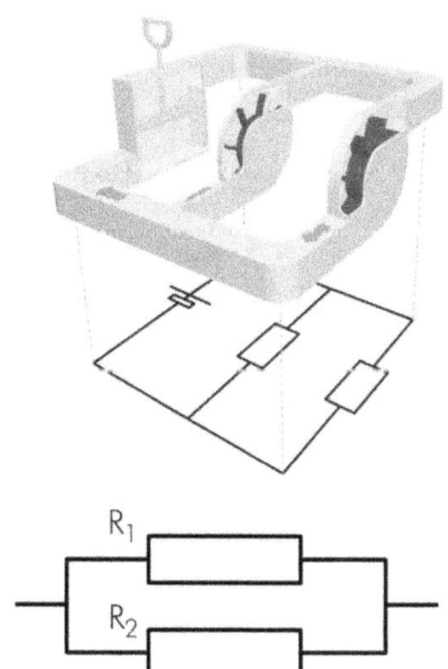

Gesamtwiderstand R einer Parallelschaltung

$$\frac{1}{R} = \frac{1}{R_1} + \frac{1}{R_2}$$

Der gesamte Widerstand ist ..**kleiner**.. als jeder Einzelwiderstand.

Maschenregel (2. Kirchhoff'sches Gesetz)

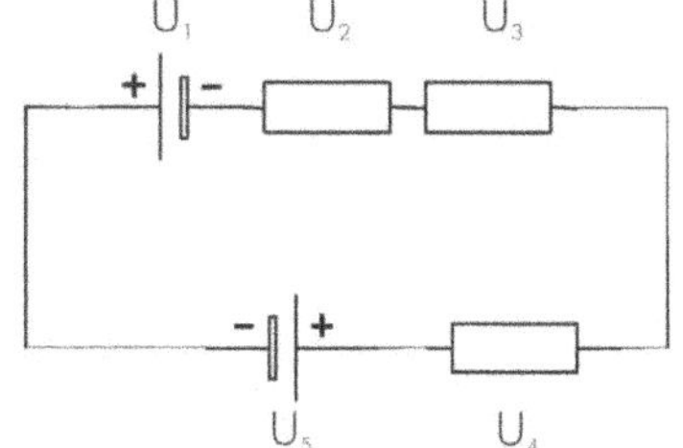

Die Summe aller Spannungen der Quellen ist gleich der Summe aller Spannungen der Verbraucher.

Die Maschenregel folgt aus der

...**Energie**...erhaltung.

Serienschaltung

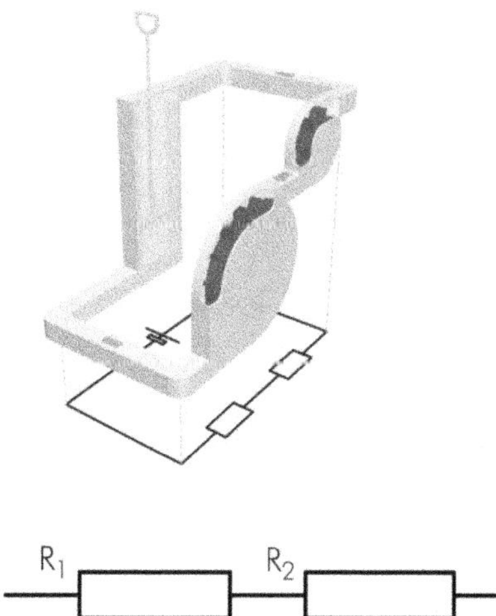

Gesamtwiderstand R einer Serienschaltung

$$R = R_1 + R_2$$

Der gesamte Widerstand ist ..**grösser**.. als jeder Einzelwiderstand.

Für den gesamten Strom I gilt für zwei Widerstände R_1 und R_2 wegen der Knotenregel:

$$I = I_1 + I_2$$

$$\text{mit } I = U/R$$

$$\text{und } U = U_1 = U_2$$

$$\frac{U}{R} = \frac{U}{R_1} + \frac{U}{R_2}$$

$$\frac{1}{R} = \frac{1}{R_1} + \frac{1}{R_2}$$

Für die gesamte Spannung U gilt für zwei Widerstände R_1 und R_2 wegen der Maschenregel:

$$U = U_1 + U_2$$

$$\text{mit } U = R \cdot I$$

$$\text{und } I = I_1 = I_2$$

$$R \cdot I = R_1 I + R_2 I$$

$$R = R_1 + R_2$$

Aufgabe 31: Betrachte die abgebildete Schaltung.

   a) Bestimme den Gesamtwiderstand der Schaltung.

   b) Über der Schaltung ist eine Spannung von 12 V angelegt. Berechne die Ströme, die durch die einzelnen Widerstände fliessen.

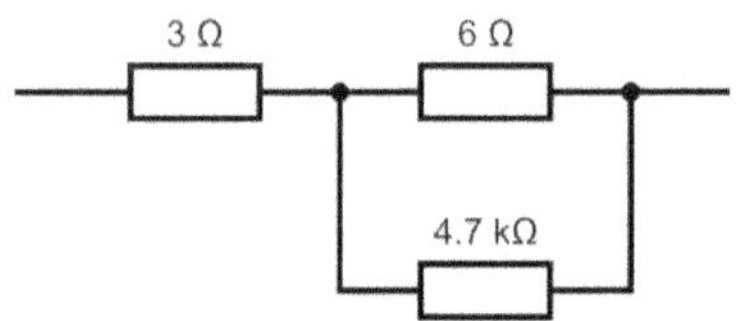

Aufgabe 32: Betrachte die abgebildete Schaltung.

   a) Bestimme den Gesamtwiderstand der Schaltung.

   b) Über der Schaltung ist eine Spannung von 12 V angelegt. Berechne die Ströme, die durch die einzelnen Widerstände fliessen.

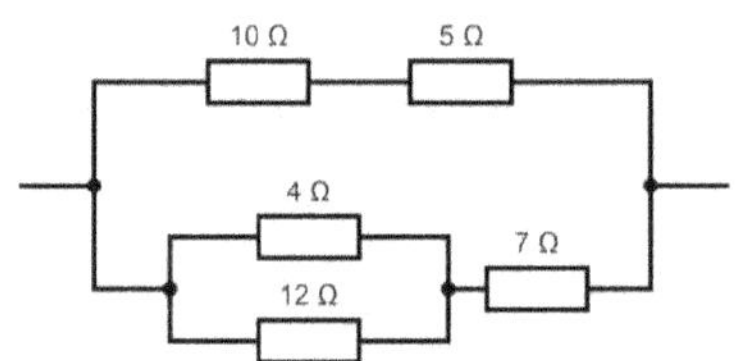

Aufgabe 33: Betrachte die abgebildete Schaltung.

   a) Bestimme den Gesamtwiderstand der Schaltung.

   b) Über der Schaltung ist eine Spannung von 12 V angelegt. Berechne die Ströme, die durch die einzelnen Widerstände fliessen.

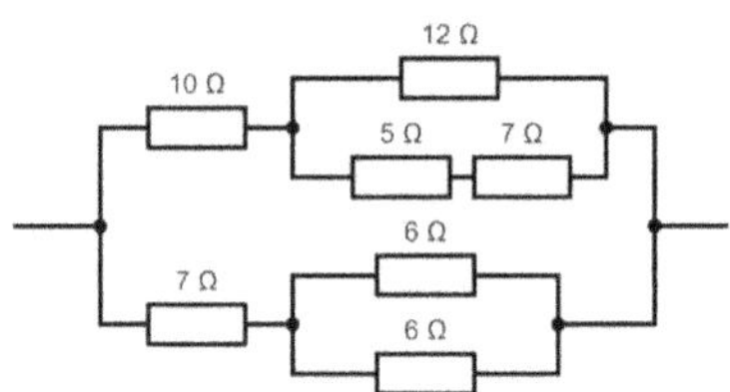

Aufgabe 34: Ein tragbarer Bluetooth-Lautsprecher wird mit sechs Batterien für den Batteriebetrieb ausgestattet, die – wie in der nebenstehenden Abbildung dargestellt – geschaltet sind. Jede Batterie liefert eine Spannung von 1.5 V und es fliesst ein Strom von 0.2 A durch jede Batterie.

   a) Welche Spannung und welcher Strom werden vom Lautsprecher aufgenommen?

   b) Welche Leistung wird von den Batterien abgegeben und welcher Wirkungsgrad hat der Lautsprecher, wenn er 0.54 W Leistung in Form von Schallwellen abgibt?

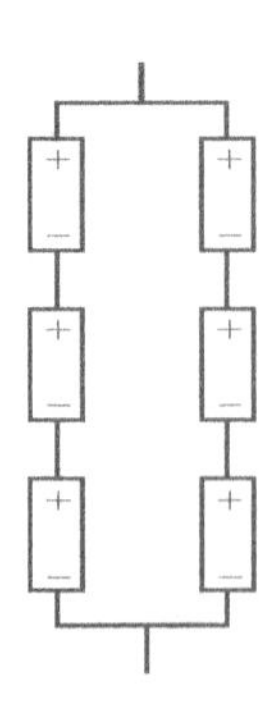

★ *Aufgabe 35:* In einer Uhr wird die nebenstehende Schaltung
verwendet, bei der die folgenden Werte gelten:
R_i = 200 mΩ (Innenwiderstand der Batterie), R_m = 20 kΩ
(Motor) und R_c = 0.3 MΩ (Spannungskontrolle).

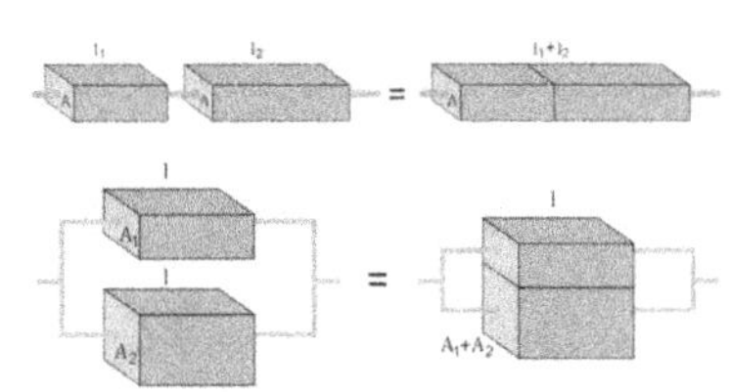

a) Berechne den Gesamtwiderstand R der Schaltung.

b) Die Batterie hat eine Spannung von U = 1.5V.
   Bestimme den Strom I, der durch die Schaltung fliesst.

c) Die Kapazität der Batterie beträgt Q = 1460 mAh. Wie lange kann die Batterie die
   Schaltung mit Strom versorgen?

d) Welche elektrische Gesamtleistung P wird von der Schaltung aufgenommen?

e) Nur die Leistung P_m = 0.1 mW, die der Motor abgibt, ist nutzbar. Berechne
   den Wirkungsgrad der Schaltung

★ *Aufgabe 36:* Betrachte die nebenstehende Abbildung.
Berechne den Widerstand R_{Serie} und $R_{Parallel}$ der beiden
Schaltungen unter Verwendung der Formeln $R = \rho \cdot \dfrac{\ell}{A}$
sowie mit Hilfe den Formeln für Serien- und Parallelschaltung. Der Widerstand der einzelnen Widerstände
ist R_1 und R_2.

3. Elektrostatik: Das Coulomb Gesetz

Elektrostatische Experimente

Das Laden von Isolatoren

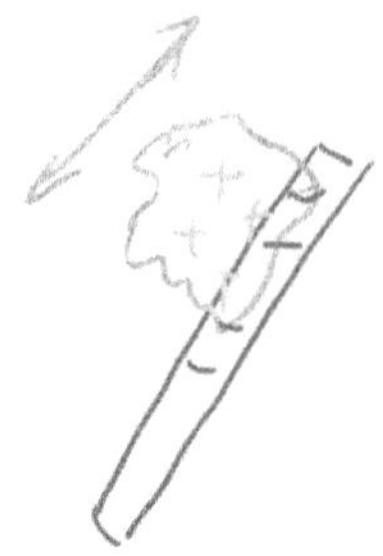

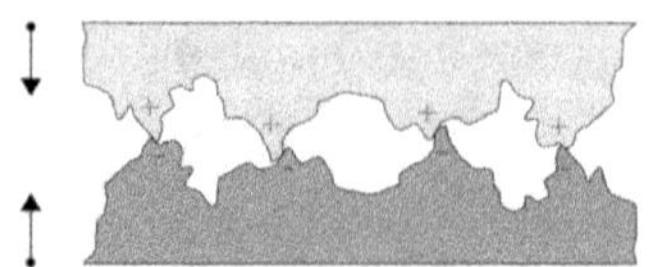

An den Berührungsstellen zweier Körper aus unterschiedlichen Materialien treten Elektronen von einem Körper auf den anderen über. Durch Reiben kann man die Zahl der Berührungspunkte und damit den Ladungstransport erhöhen.

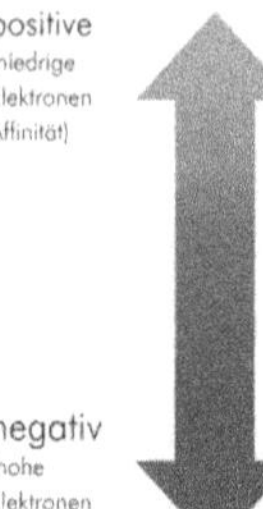

Berühren sich zwei Isolatoren, so lädt sich der eine *positiv* und der andere *negativ* auf.

Kräfte zwischen geladenen Körpern

Abstossung

Anziehung

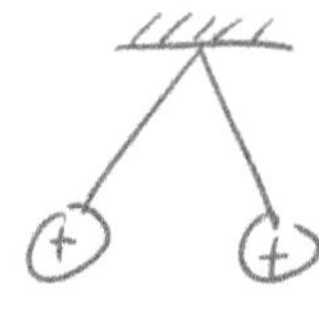

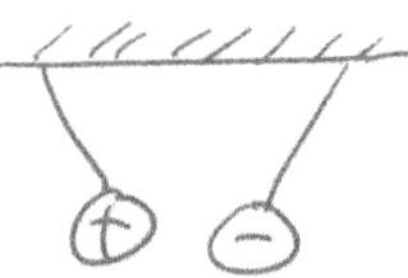

gleichnamige (+ +. oder – –)
Ladungen stossen einander ab.

ungleichnamige (+ – oder – +)
Ladungen ziehen einander an.

Das Elektroskop

Ein Elektroskop ist ein Gerät, das zum Nachweis von *Ladungen* dient.

Seine Funktionsweise beruht auf der Anziehung und Abstossung elektrischer Ladungen.

Der Van-de-Graaff Generator

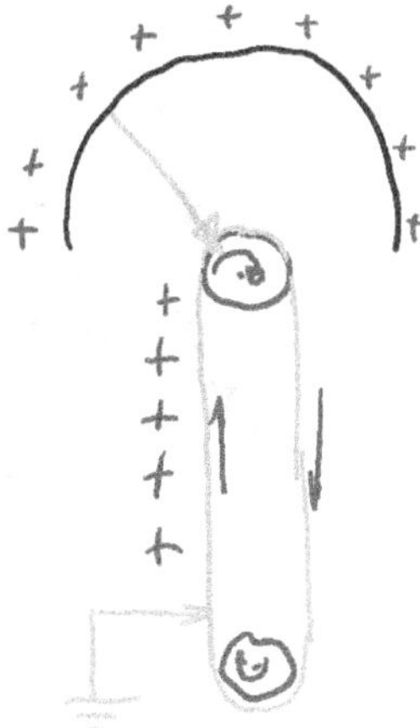

Ein Van-de-Graaff Generator ist ein Gerät, das zum Erzeugen von hohen *Spannungen* dient. Er erzeugt dabei eine grosse *Ladungsdichte* auf einer Hohlkugel.

Die Influenz

Eine geladene Kugel zieht eine ungeladene Metallkugel an.

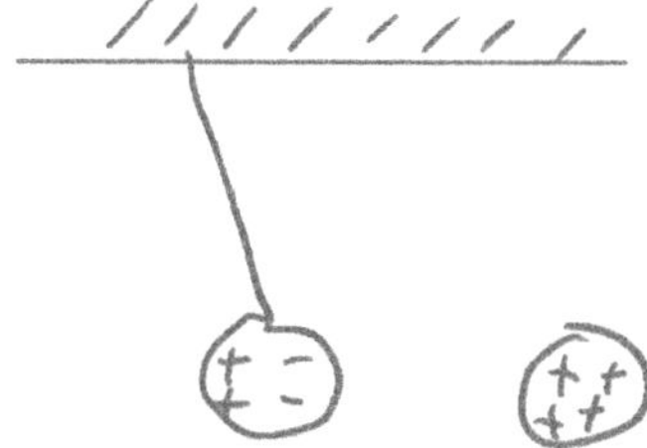

Wir müssen das Elektroskop nicht aufladen, damit wir einen Ausschlag sehen.

Die *elektrostatische* Kraft scheint nicht nur bei Berührung, sondern auch über grössere Entfernungen zu wirken. Je grösser die Entfernung ist, desto *kleiner* ist die Kraft.

Aufgabe 37: Welche alltäglichen Phänomene werden durch elektrische Ladungen verursacht?

Aufgabe 38: Wie lässt sich anhand der elektrischen Kraftwirkung erkennen, dass es mindestens zwei verschiedene Arten von Ladungen gibt?

Aufgabe 39: Eine antistatische Tüte wird verwendet, um elektronische Bauteile vor Schäden durch elektrostatische Entladungen zu schützen. Diese Tüten bestehen in der Regel aus Kunststoff, der entweder mit einer Metallschicht beschichtet oder mit Kohlenstoff versetzt wird. Wie funktionieren solche Antistatik-Tüten?

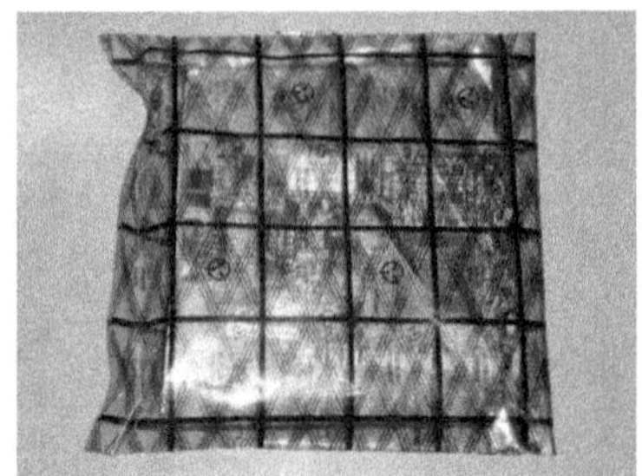

Aufgabe 40: Man lädt ein Elektroskop durch Berührung mit einem negativ geladenen Stab auf.

   a) Was beobachtet man, wenn man danach von oben mit einem positiv geladenen Stab in die Nähe des Tellers des Elektroskops kommt, ohne ihn zu berühren?

   b) Was stellt man fest, wenn man dasselbe mit einem negativ geladenen Stab macht?

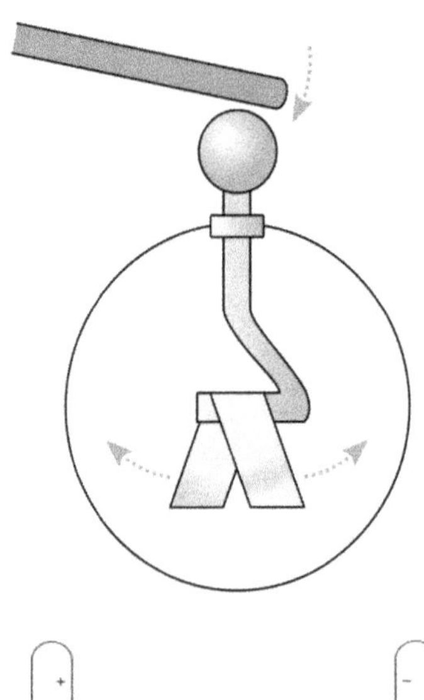

★ *Aufgabe 41:* Mit dem folgenden Versuch kann man die Ladungstrennung durch Influenz demonstrieren. Beschreibe die elektrischen Vorgänge und erkläre damit die Beobachtungen.
Im ersten Teil des Versuchs bringt man zwei sich berührende Metallplatten zwischen die Platten eines geladenen Kondensators und zieht sie anschliessend wieder heraus. Ausserhalb des elektrischen Feldes trennt man die Platten und streicht sie nacheinander am Elektroskop ab. Dabei zeigt das Elektroskop keinen Ausschlag.
Im zweiten Teil des Versuchs trennt man die beiden Platten bereits zwischen den Platten des Kondensators und zieht sie im getrennten Zustand heraus. Wenn man nun eine der Platten am Elektroskop abreibt, zeigt sich ein bleibender Ausschlag. Wird anschliessend auch die andere Platte am Elektroskop abgerieben, verschwindet der Ausschlag wieder.

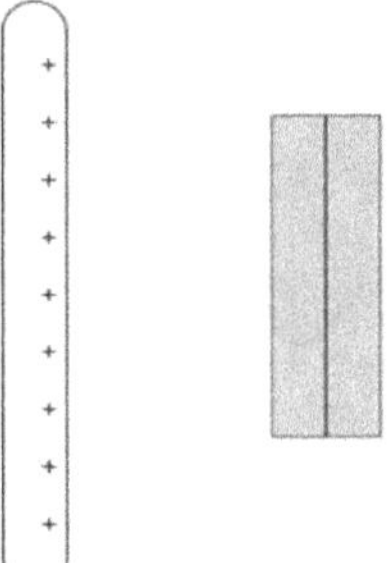

Das Coulomb'sche Gesetz

Bis jetzt haben wir die elektrostatische Kraft nur *qualitativ*

beschrieben. Das Coulomb'sche Gesetz beschreibt die zwischen

zwei Punktladungen wirkende Kraft *quantitativ*. Es gilt

auch für kugelsymmetrisch verteilte elektrische Ladungen, die

räumlich getrennt sind.

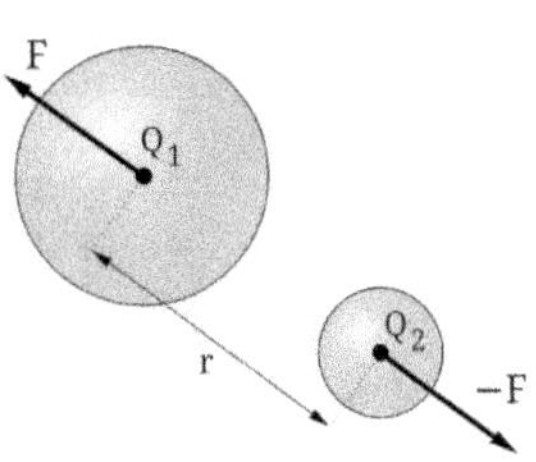

Der Betrag dieser Kraft ist *proportional* zu den beiden Ladungen Q_1 und Q_2 und
umgekehrt proportional zum Quadrat des Abstandes r der beiden Ladungen.

Die **Kraft F_E zwischen zwei Ladungen** Q_1 und Q_2 im Abstand r beträgt im Vakuum ($\approx$ Luft):

$$F_E = \frac{1}{4 \cdot \pi \cdot \varepsilon_0} \cdot \frac{Q_1 \cdot Q_2}{r^2} \, , \qquad \text{wobei } \varepsilon_0 \text{ die elektrische Feldkonstante bezeichnet.}$$

Die Kraft F_E wirkt entlang der *Verbindungslinie* der beiden Ladungen Q_1 und Q_2.

Abstossung (+..+ oder −..−)   *Anziehung* (+..− oder −..+)

Die **elektrische Feldkonstante** beträgt $\varepsilon_0 = 8.85 \cdot 10^{-12} \, \frac{C^2}{N \cdot m^2}$ und somit ist

die Konstante im Coulomb'schen Gesetz im Vakuum $\frac{1}{4 \pi \varepsilon_0} \approx 9 \cdot 10^9 \, \frac{N m^2}{C^2}$

Aufgabe 42: Bestimme in jeder Teilaufgabe die fehlenden Grössen bzw. Begriffe.

	Q_1	Q_2	r	F_E	Richtung
a)	$5.25 \cdot 10^{-8}$ C	$6.45 \cdot 10^{-8}$ C	11.5 cm		
b)	$3.95 \cdot 10^{-8}$ C		5.10 mm	−0.725 N	anziehend
c)	$2.22 \cdot 10^{-7}$ C	$-6.05 \cdot 10^{-7}$ C		−0.272 N	
d)	$-5.94 \cdot 10^{-8}$ C		2.45 cm	81.5 mN	abstossend
e)	$7.19 \cdot 10^{-9}$ C	$9.30 \cdot 10^{-9}$ C		7.15 mN	
f)	$3.25 \cdot 10^{-7}$ C	$-2.28 \cdot 10^{-7}$ C	32.5 cm		

Aufgabe 43: Blitzableiter funktionieren nach dem Prinzip, dass
elektrische Ladungen sich bevorzugt an Spitzen entladen.
Weshalb entlädt sich ein Funke am liebsten an einer Spitze?

Aufgabe 44: Zwei positive, punktförmige elektrische Ladungen mit
dem gleichen Betrag üben bei einem Abstand von 10 cm
eine Kraft von 36 mN aufeinander aus.

a) Wie gross sind die Ladungen?

Löse die folgenden Aufgaben durch schlaues Überlegen:

b) Welche Kraft würden sie bei einem halben Abstand (5 cm)
bzw. bei einem Viertel des Abstands (2.5 cm) aufeinander
ausüben?

c) Wie gross ist die Kraft bei der ursprünglichen Entfernung
(10 cm), wenn die eine Ladung auf die Hälfte und die
andere auf ein Viertel ihres ursprünglichen Wertes
reduziert wird?

Aufgabe 45: Mit welcher Kraft würden sich zwei Ladungen mit entgegengesetztem Vorzeichen,
jeweils 1 C, bei einem Abstand von 10 m anziehen? Und warum ist dieses Experiment in der
Praxis nicht durchführbar?

Aufgabe 46: Zwei gleich grosse Kugeln sind mit $+3.0 \cdot 10^{-8}$ C und $-2.0 \cdot 10^{-8}$ C aufgeladen.

a) Wie gross ist die Anziehungskraft bei einem Mittelpunktabstand von 10 cm?

b) Welche Kraft üben die Kügelchen im selben Abstand aufeinander aus, wenn sie zuvor
zur Berührung gebracht wurden?

★ *Aufgabe 47:* In einem älteren Physikaufgabenbuch steht die folgende Aufgabe: „Ein an einem
*Seiden*faden *frei aufgehängtes, oberflächenleitendes* Holundermark-Kügelchen von 0.3 g ist
mit 10^{-8} C aufgeladen. Welche *Anfangsbeschleunigung* erfährt es, wenn eine *feststehende,*
sich *auf gleicher Höhe befindliche* Kugel in 10 cm Entfernung *in vernachlässigbarer Zeit* auf
$2 \cdot 10^{-8}$ C aufgeladen wird?"
Erläutere die Bedeutung der sieben kursiv gestellten Satzteile der Aufgabenstellung. Löse die
Aufgabe.

★ *Aufgabe 48:* Ein Kochsalzkristall (Natriumchlorid) besteht
aus einfach geladenen Natrium- und Chlor-Ionen. Die
elektrische Anziehung zwischen diesen entgegengesetzt
geladenen Teilchen ist verantwortlich für die Festigkeit
des Kristalls. Stellen wir uns vor, dass alle positiven und
negativen Ionen von 1 g Natriumchlorid an je einem
Punkte gesammelt werden. Welche Kraft würde auf
diese getrennten Ladungen wirken, wenn man sie in
einem Abstand von 1 km aufstellen könnte?

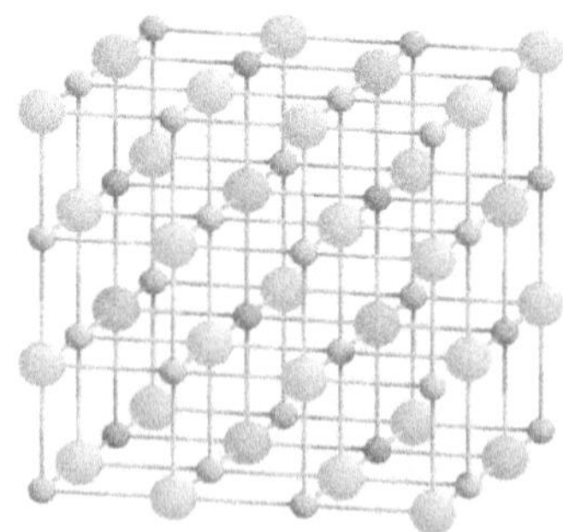

4. Elektrostatik: Das elektrische Feld

Ein Feld ist eine mathematische Funktion, die verwendet wird, um das Konzept der Fernwirkung zu vermeiden. Ein Feld ordnet jedem Punkt im Raum einen Skalar oder Vektor zu, sodass die Vorgänge an einem Punkt nur von den Werten an diesem Punkt abhängen. Es ist nicht notwendig, zu wissen, was an anderen Stellen im Raum geschieht. Zu den wichtigsten Feldern zählen das elektrische Feld, das magnetische Feld und das Gravitationsfeld.

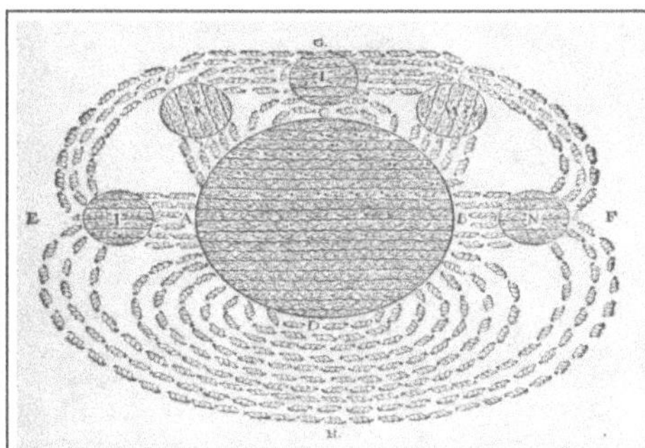

1644: Diese Zeichnung von René Descartes zeigt das Magnetfeld der Erde. Auch versuchte er, die Kraftübertragung zwischen den Planeten durch Materiewirbel zu erklären. Seine Vorstellungen können als erste Ansätze des modernen Feldkonzepts betrachtet werden.

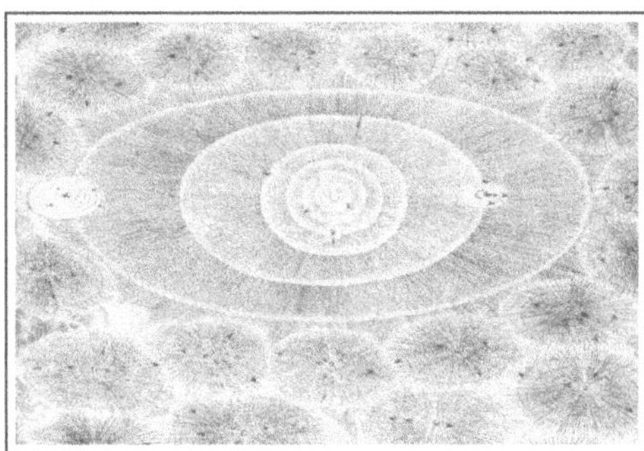

1750: Leonhard Euler vertrat die Auffassung, dass Kräfte nur durch Druck und Stoss von Teilchen übermittelt werden können. Er versuchte die Newtonsche Mechanik in diesem Sinne umzuformulieren. Das Bild visualisiert die Bewegung von Planeten und Kometen.

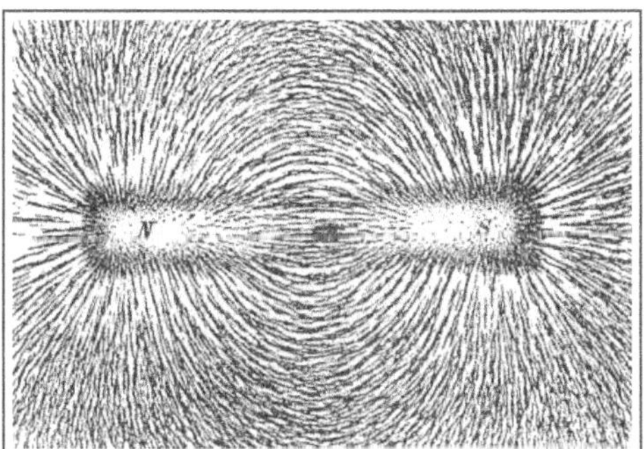

1830: Michael Faraday sah in den Feldlinien, die man mit Eisenfeilspänen rund um einen Magneten sichtbar machen kann, den gesuchten Mechanismus zur Übertragung von Kräften.

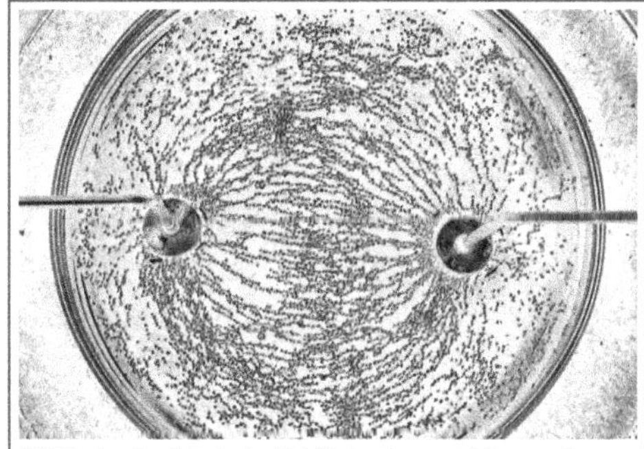

1830: Auch elektrische Feldlinien lassen sich experimentell sehr leicht veranschaulichen. Das Bild zeigt einen Dipol, das heisst eine positive und eine negative Ladung, die einander gegenüberstehen.

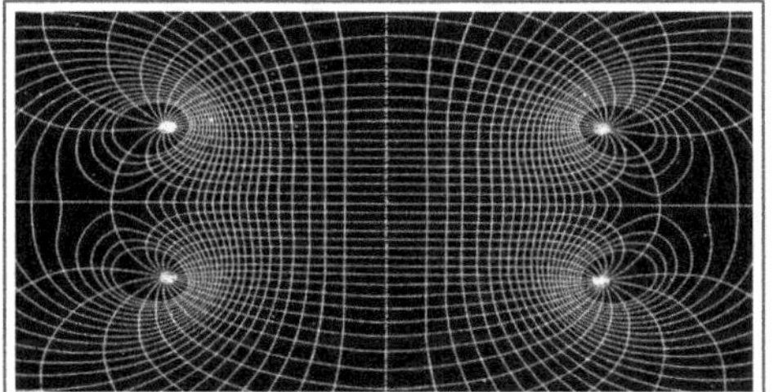

1870: James Maxwell gab Faradays Ideen die noch heute gültige mathematische Form. Die Maxwell'schen Gleichungen fassen unser gesamtes Wissen über Elektrizität und Magnetismus zusammen. Das Bild zeigt ein von Maxwell berechnetes und gezeichnetes Magnetfeld.

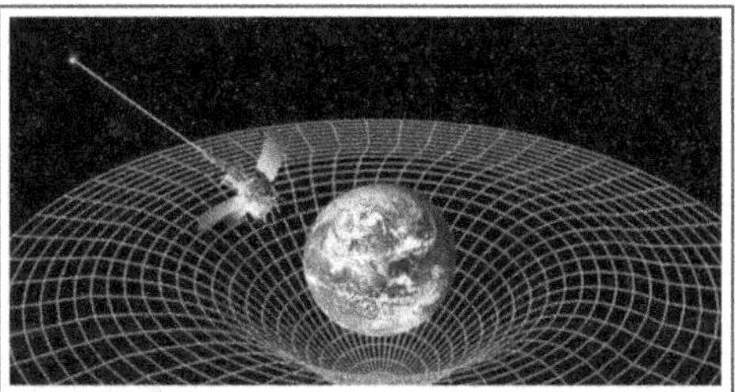

1915: Albert Einstein schuf in der Allgemeinen Relativitätstheorie eine Feldtheorie der Gravitation, welche die Newtonsche Theorie ablöste. Einstein beschrieb die Gravitation nicht mit einer fernwirkenden Kraft, sondern durch eine Krümmung des Raumes.

Definition des elektrischen Feldes

Die elektrische (Feld-)flussdichte (oft kurz elektrische Feldstärke)
beschreibt die Stärke und Richtung eines elektrischen Feldes, also
die Fähigkeit dieses Feldes, Kraft auf Ladungen auszuüben. Es
handelt sich mathematisch um einen Vektor und ist in einem
gegebenen Punkt definiert durch:

Elektrische Flussdichte: $\vec{E} = \dfrac{\vec{F}}{q}$ $\qquad$ $[\vec{E}] = \underline{N/C}$

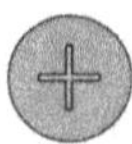

q steht für eine kleine Probeladung und
$\vec{F}_E$ ist die auf diese Probeladung wirkende Kraft.

Da die Kraft proportional zum Ladung q ist, ist die Grösse E unabhängig von der Probeladung und
beschreibt einzig die Stärke des Feldes $\vec{E}$ am Ort der Probeladung.

Das **elektrische Feld** ist die Gesamtheit der ...Feldstärkevektoren... $\vec{E}$. Es ist ein
...Vektorfeld..., d.h. jedem Ort im Raum wird eindeutig ein Feldvektor $\vec{E}$ zugeordnet.

Entstehung des elektrischen Feldes

Ein elektrisches Feld wird unter anderem von Ladungen erzeugt.

Das elektrische Feld einer Punktladung

Die Kraft, die eine Punktladung Q auf eine Probeladung q bewirkt ist durch das Coulomb-Gesetz gegeben

$$F_E = \frac{1}{4 \cdot \pi \cdot \varepsilon_0} \frac{Q \cdot q}{r^2}$$

und wir finden für den

Betrag der Flussdichte einer Punktladung Q:

$$E = \frac{1}{4 \cdot \pi \cdot \varepsilon_0} \frac{Q}{r^2}$$

Der Betrag der Flussdichtevektoren nimmt mit zunehmendem

Abstand von der Punktladung ...ab... .

Die Flussdichtevektoren zeigen für positive Ladungen

...weg... von der Ladung und für eine negative

Ladung radial auf die Ladung ...hin... .

Das elektrische Feld mehrerer Ladungen

Um das Feld einer Ladungsverteilung zu ermitteln,

müssen die Kräfte, die durch die einzelnen

Ladungen auf die Probeladung verursacht werden,

..vektoriell.... addiert werden. Elektrische

.Feldvektoren... werden also auch

vektoriell addiert.

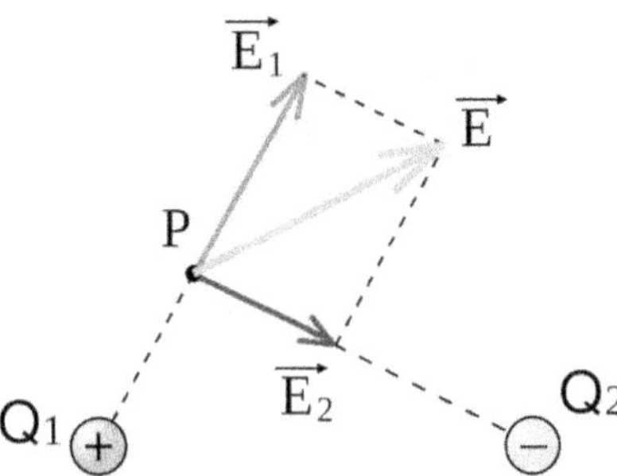

Aufgabe 49: Ein elektrisches Feld übt auf eine Ladung von 2 μC eine Kraft von 10 N aus. Wie gross ist die elektrische Flussdichte an der Stelle der Ladung?

Aufgabe 50: Ein Elektron befindet sich in einem elektrischen Feld mit einer Flussdicht von 10^{-8} N/c. Welche Beschleunigung erfährt das Elektron?

Aufgabe 51: Wie gross ist das elektrische Feld einer Punktladung (Q = 0.02 mC) im Abstand von
   a) 1 m   b) 2 m   c) 3 m

Aufgabe 52: Skizziere die Flussdichtevektoren des elektrischen Felds
   a) einer positiv geladenen Kugel (Monopol).
   b) einer negativ geladenen Kugel (Monopol).
   c) einer positiv und einer negativ geladenen Kugel (Dipol).
   d) zweier positiv geladener Kugeln.
   e) zweier positiver und zweier negativer im Quadrat aufgestellten geladenen Kugeln (Quadrupol).
   f) einer positiv geladenen Kugel vor einer ungeladenen Metallplatte (Spiegelladung).

Darstellung des elektrischen Feldes

Das elektrische Feld ist ein **Vektorfeld**. Wir können also das elektrische

Feld darstellen, indem wir viele ...Vektoren..... zeichnen.

Diese Darstellung ist jedoch ..unübersichtlich..

Das elektrische Feld kann durch **Feldlinien** dargestellt werden. Die an

eine Feldlinie gelegte ..Tangente.. gibt die Richtung des

Feldflussvektors an. Die .Dichte... der Feldlinien ist ein Mass

für den Betrag der Flussdichte. Die Feldlinien des elektrischen Feldes

gehen von ..positiven...... Ladungen aus und enden an

.negativen... Ladungen.

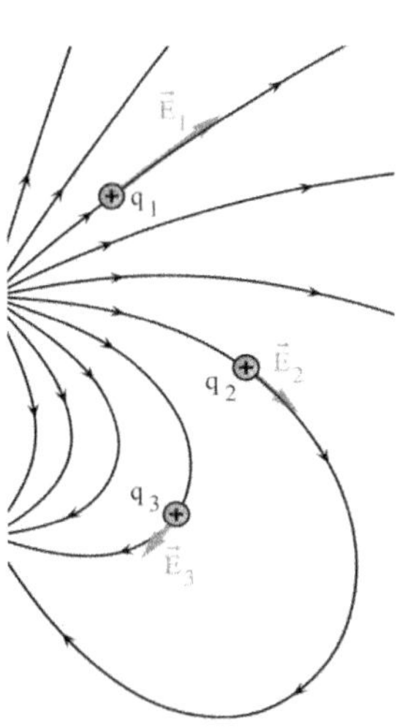

Aufgabe 53: Skizziere das Feldlinienbild des elektrischen Felds

    a) einer positiv geladenen Kugel (Monopol).

    b) einer negativ geladenen Kugel (Monopol).

    c) einer positiv und einer negativ geladenen Kugel (Dipol).

    d) zweier positiv geladener Kugeln.

    e) zweier positiver und zweier negativer im Quadrat aufgestellten geladenen Kugeln (Quadrupol).

    f) einer positiv geladenen Kugel vor einer ungeladenen Metallplatte (Spiegelladung).

Aufgabe 54: Das elektrostatische Lackieren wurde in den späten 1940er Jahren von Harold Ransburg in den USA patentiert. Das elektrostatische Spritzlackieren wurde sofort ein grosser Erfolg, da die Hersteller schnell erkannten, dass erhebliche Materialeinsparungen erzielt werden konnten. Beim elektrostatischen Spritzlackieren werden die zerstäubten Teilchen elektrisch geladen, wodurch sie sich

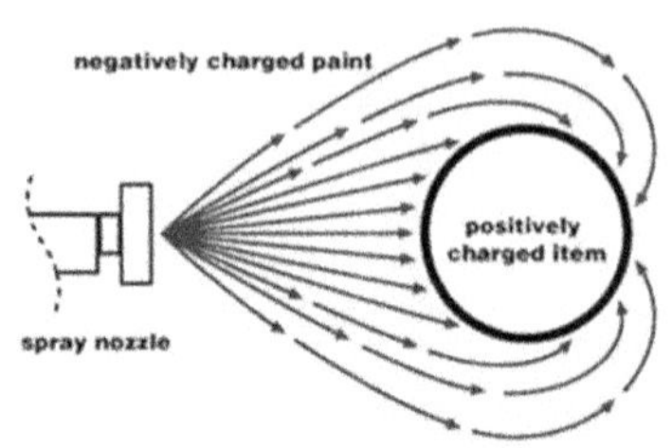

gegenseitig abstossen und gleichmässig verteilen, wenn sie die Sprühdüse verlassen. Das zu lackierende Objekt wird gegensätzlich geladen oder geerdet, wodurch die Farbe von dem Objekt angezogen wird. Dies führt zu einer gleichmässigeren Beschichtung und erhöht zudem den Prozentsatz der Farbe, die am Objekt haften bleibt, erheblich. Diese Methode sorgt außerdem dafür, dass schwer zugängliche Stellen lackiert werden können. Folgen beim elektrostatischen Lackieren die Tröpfchen den Feldlinien?

Aufgabe 55: Es sind vier Feldlinienbilder gegeben. Die linke Ladung ist jeweils positiv. Bestimme das Vorzeichen der rechten Ladung. Wie gross ist ihr Betrag im Vergleich zur linken Ladung?

a) 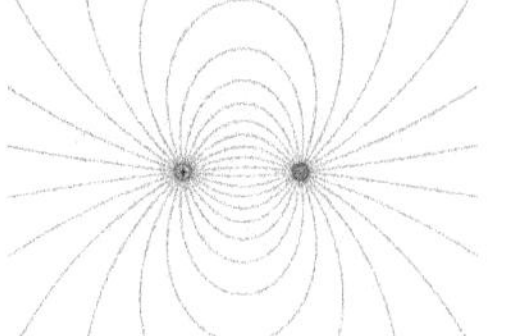
    b) 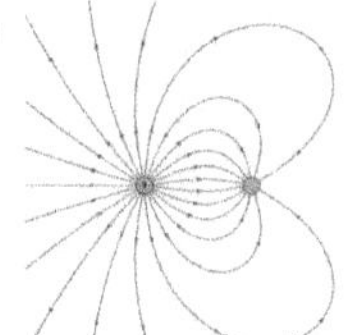
    c) 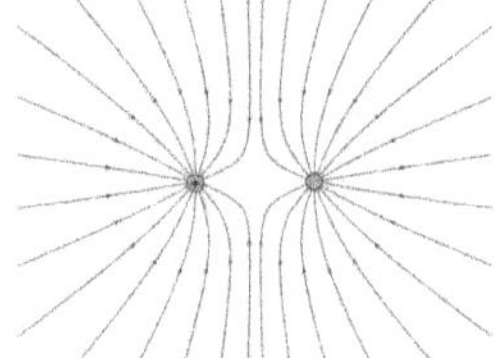

Felder spezieller Ladungsverteilung

Das Feld einer Ladungsverteilung in grosser Entfernung

In grosser Entfernung erscheint jede Ladungsverteilung als

Punktladung . Ihr Feld ist _radial_

gerichtet. Dies gilt, wen der Abstand wesentlich grösser als der

Durchmesser der Ladungsverteilung ist.

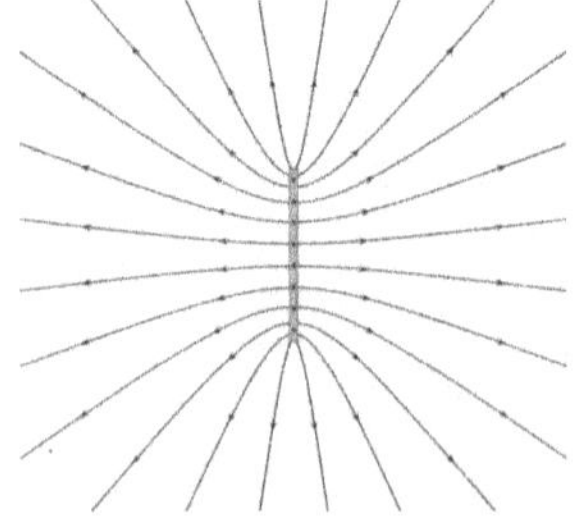

Der Plattenkondensator

Ein Plattenkondensator besteht aus zwei parallelen metalischen Platten.
Kondensatoren dienen zum Speichern von elektrischer .Energie.
Das elektrische Feld im Plattenkondensator ist konstant und parallel
gerichtet. Wir sprechen von einem .homogenen.. Feld.
In grossem Abstand vom Kondensator heben sich die Felder
im .Aussenraum... des Kondensators auf.

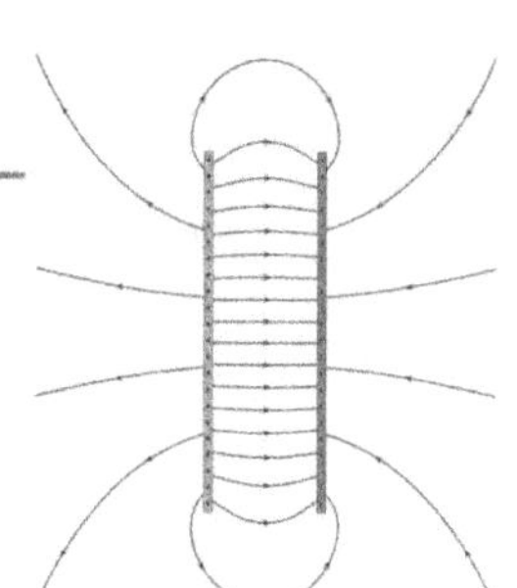

Das Feld in einem leitenden Körper oder Hohlraum

Bringt man einen Leiter in ein elektrostatisches Feld, so verschieben sich
die frei beweglichen Elektronen so lange, bis die elektrische Flussdichte
im Leiterinneren ....verschwindet....... (Faradaykäfig).

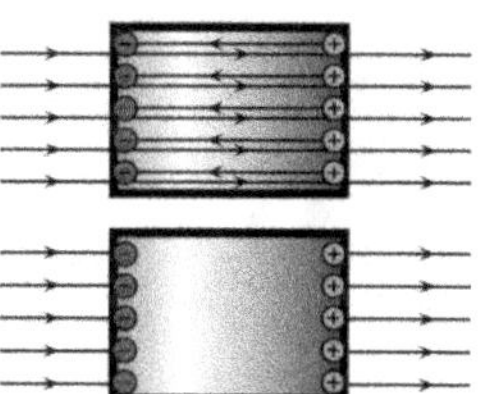

Feld an der Oberfläche eines Leiters

Die Feldlinien eines elektrostatischen Feldes stehen stets .senkrecht.
zur Leiteroberfläche. Gäbe es nämlich eine Komponente der elektrischen Flussdichte ..parallel.... zur Leiteroberfläche, so würde
dies zu einer Verschiebung der frei beweglichen Elektronen führen.

Eigenschaften des statischen elektrischen Felds

Die **Quellen und Senken** des elektrischen Feldes sind die positiven bzw. negativen .Ladungen.

Das statische elektrische Feld ist .wirbelfrei, d.h. es hat keine geschlossenen Feldlinien.

Aufgabe 56: Skizziere das Feldlinienbild.
   Alle dargestellten Objekte bestehen
   aus leitendem Material und sind
   hohl.

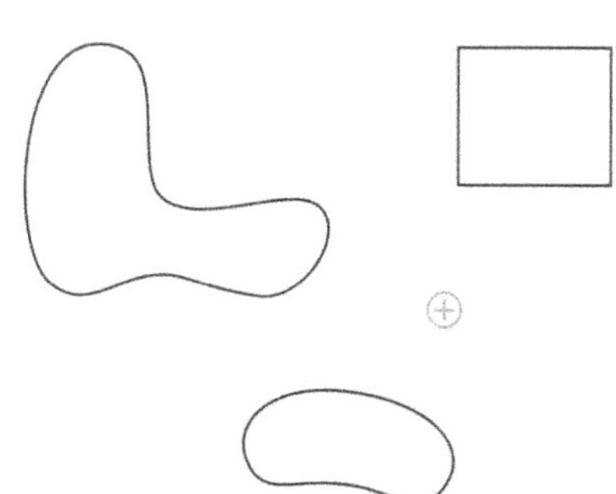

5. Magnetismus

Eigenschaften von Magneten

Anziehung durch Magnete

Materialien, die sich mit einem Magneten anziehen lassen.

Materialien, die sich *nicht* mit einem Magneten anziehen lassen.

Eisen
Kobalt
Nickel

Plastik
Aluminium / Kupfer
Keramik etc

Es gibt Materialien, die durch einen Magneten ..angezogen.... werden können (Ferromagnete) und solche auf die der Magnet keinen Einfluss hat.

Kräfte zwischen Magneten

Es gibt zwei magnetische Pole. Wir nennen sie .Nord..- und ...Südpol....... .
.Gleichnamige. Pole stossen sich ab und ungleichnamige Pole ziehen sich an.

Das Magnetfeld der Erde

Die Erde selbst ist ein Magnet. Die beiden magnetischen Pole liegen sehr nahe an den beiden ...geographischen.. Polen. Ein frei drehbarer Magnet kann also zur Orientierung auf der Erde verwendet werden (Kompass).

Der magnetische Nordpol ist so festgelegt, dass es sich dabei um das Ende der Magnetnadel handelt, das in Richtung Norden zeigt.

Am geographischen Nordpol ist ein magnetischer .Süd...pol.

Am geographischen Südpol ist ein magnetischer .Nord...pol.

Magnetisieren

Wir berühren mit einem Magneten einen unmagnetischen Eisenstab. Dadurch wird der Stab auch zu einem Magneten.

Nun streichen wir mehrmals mit einem Magneten über den unmagnetisierten Eisenstab. Nun bleibt der Magnetismus des Eisenstabs auch erhalten, wenn der Magnet entfernt wird.

Ferromagnetische Materialien lassen sich magnetisieren

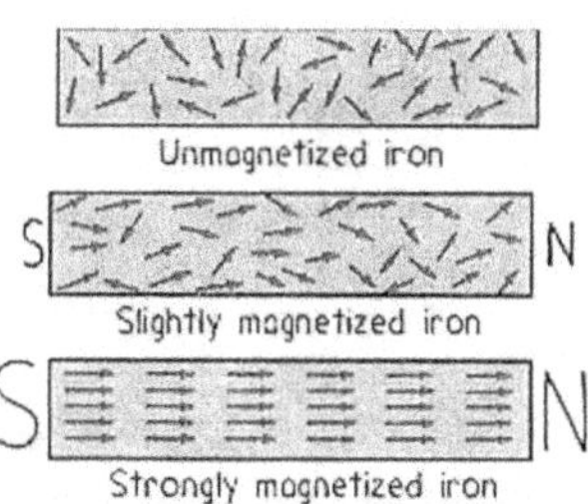

Aufbau eines Magnets / Monopole

Wir versuchen nun den Nord- vom Südpol zu trennen. Dazu teilen wir einen Stabmagneten in zwei Stücke. Nun erhalten wir zwei schwächere Magnete, jedoch jeweils wieder mit einem Nord- und einem Südpol. Die Magnete werden dabei immer kleiner. Wir können uns deshalb vorstellen, dass ein Magnet durch viele kleine Elementarmagnete aufgebaut ist.

Es gibt keine magnetischen Monopole.

Ein Magnet ist aus Elementarmagneten aufgebaut.

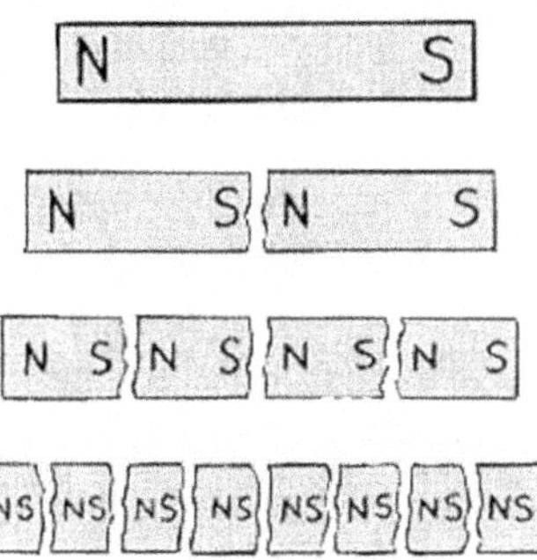

Dies steht im klaren Gegensatz zur Ladung. Dort lassen sich die beiden Ladungsarten trennen. Die Ladungen sind elektrische Monopole.

Das Magnetfeld

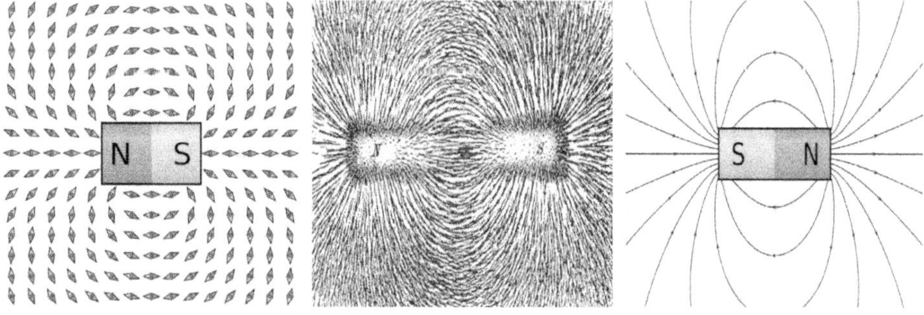

Die magnetischen Feldlinien gehen vom Nord- zum Süd-pol.

Aufgabe 57: In welche Richtung zeigt der Nordpol
der Kompassnadel?

☐ In etwa zum geographischen Nordpol.

☐ In etwa zum geographischen Südpol.

☐ In etwa zum magnetischen Nordpol.

☐ In etwa zum magnetischen Südpol.

☐ Genau zum geographischen Nordpol.

☐ Genau zum geographischen Südpol.

☐ Genau zum magnetischen Nordpol.

☐ Genau zum magnetischen Südpol.

Aufgabe 58: Ein Stabmagnet wird in der Mitte seines
Südpols auseinandergebrochen. Welche Pole
entstehen dadurch in den beiden Teilstücken?

Aufgabe 59: Eisenfeilspäne werden magnetisch influenziert und verhalten sich wie kleine
Kompassnadeln, die durch ihre Kettenbildung die Kraftrichtungen anzeigen.

☐ Die Ketten gehen vom Plus- zum Minuspol eines Magneten.

☐ Die Ketten gehen vom Nord- zum Südpol eines Magneten.

☐ Eine drehbare Kompassnadel stellt sich in Richtung der Ketten aus Eisenfeilspänen ein.

Aufgabe 60: Gib die Pole des Stabmagneten an.

☐ Dunkelgrau ist der Nordpol.

☐ Dunkelgrau ist Südpol.

☐ Hellgrau ist der Nordpol.

☐ Hellgrau ist Südpol.

Aufgabe 61: Skizziere das Magnetfeld dieser Magnete:

Magnetfelder von Strömen

Das Magnetfeld um einen Leiter

Der dänische Physiker Christian Oersted entdeckte während einer
Vorlesung, die er 1820 in Kopenhagen hielt, zufällig einen neuen
magnetischen Effekt. Eine Magnetnadel, die neben einem Strom
führenden Kabel stand, wurde abgelenkt. Damit war der erste
Zusammenhang zwischen Strom und Magnetismus gegeben.

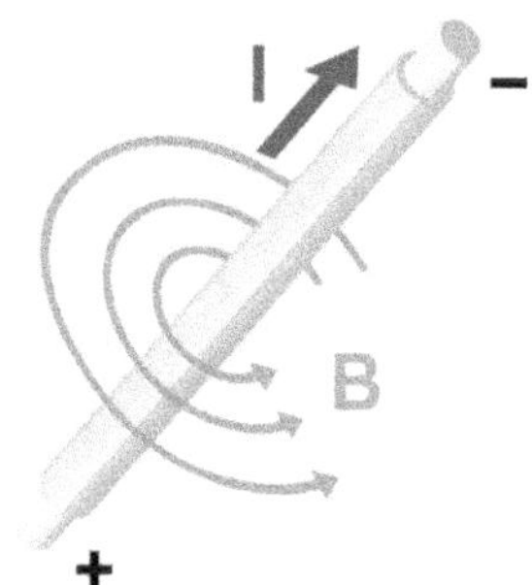

Alle Ladungen erzeugen _elektrische_ Felder.

Ströme (bewegte Ladungen) erzeugen _Magnet_felder.

Die Feldlinien eines Leiters sind _zirkular_ um den

Leiter angeordnet. Wird der Leiter mit der rechten Hand so umfasst,

dass der abgespreizte Daumen in Stromrichtung zeigt, so zeigen die

gekrümmten Finger in Richtung des entstehenden Magnetfeldes

(Rechte-Faust-Regel). Die magnetische Flussdichte eines Stromes

nimmt mit dem Abstand r vom Leiter ab.

Eigenschaften des statischen magnetischen Felds

Das Magnetfeld ist **quellen- und senkenfrei**, d.h.

es gibt keine magnetischen _Monopole_

Ein **Strom** erzeugt ein **magnetisches** _Wirbelfeld_

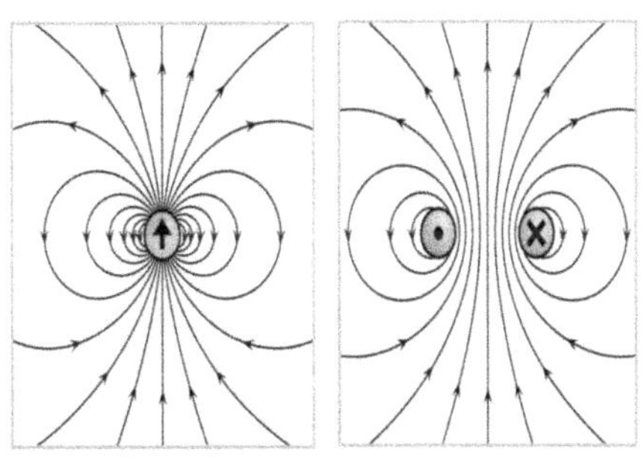

Das Magnetfeld eines Kreisstroms

Das Magnetfeld eines Kreisstromes entspricht dem

Magnetfeld einer kleinen _Magnetnadel_.

In einem Atom bewegen sich die Elektronen um den

Kern. Ihre Bewegung stellt einen sehr kleinen

Kreisstrom dar. Diese Kreisströme der Atome erzeugen

die _Elementarmagnete_

Das Magnetfeld einer Spule

Eine Spule besteht aus einem aufgewickelten Draht. Die Magnetfelder der zahlreichen Kreisströme verstärken sich gegenseitig, wodurch ein starkes Magnetfeld entsteht.

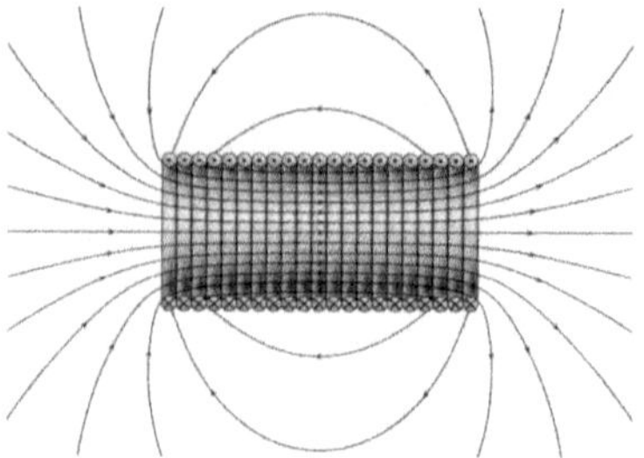

Das Feld im Inneren der Spule ist ...*homogen*...

Im Aussenfeld ist die Spule ein ...*Dipol*... und das

Feld gleicht dem Feld eines ...*Stab*.-magneten.

Aufgabe 62: In den Abbildungen sind die Magnetfelder verschiedener Leiteranordnungen dargestellt. Zeichne die entsprechenden Leiter ein. Die Stromrichtung wird durch Pfeile gekennzeichnet: Ein Pfeil, der auf die Betrachterin oder den Betrachter zeigt $\odot$, symbolisiert Strom, der aus der Zeichenebene herausfliesst, während ein Pfeil, der von ihr oder ihm weg zeigt $\otimes$, Strom darstellt, der in die Zeichenebene hineinfliesst.

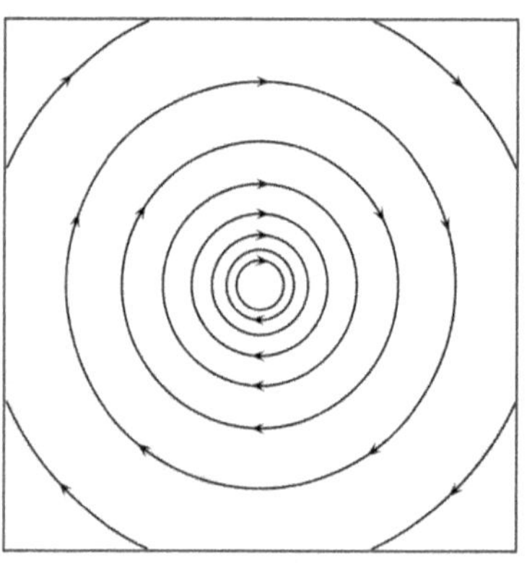

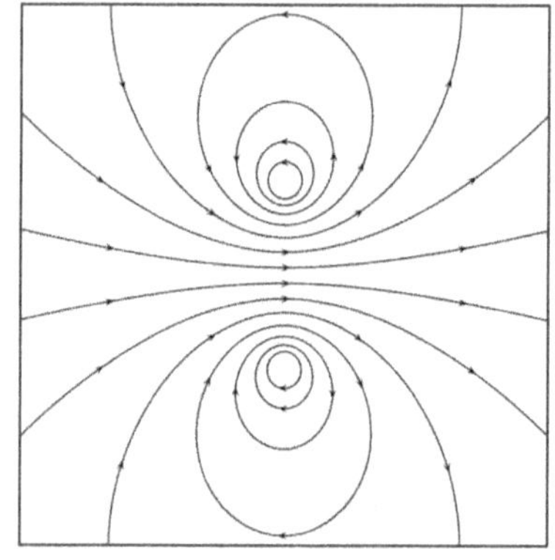

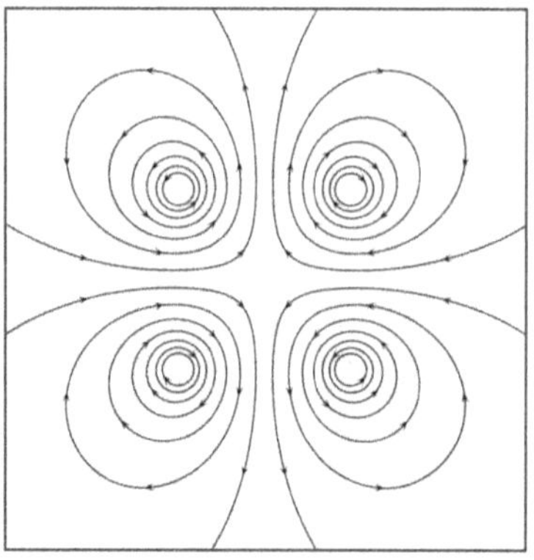

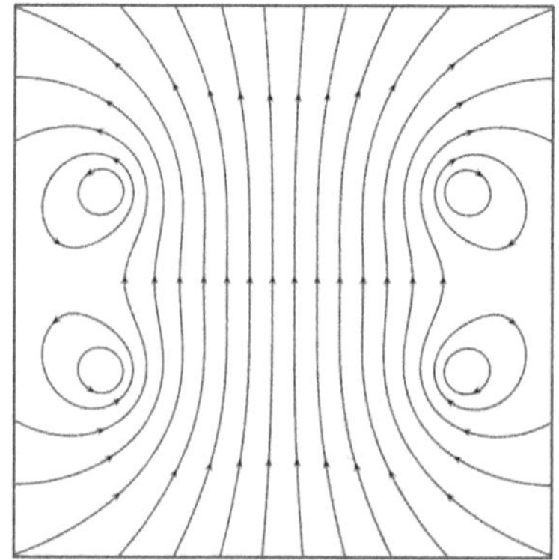

Kräfte auf bewegte Ladungen im Magnetfeld

Das elektrische Feld wird von Ladungen hervorgerufen.
Das magnetische Feld wird jedoch nur von bewegten
Ladungen erzeugt. Ähnlich verhält es sich auch mit der
Kraft, die das Feld ausübt. Das Magnetfeld wird durch
Ströme verursacht. Umgekehrt übt das Feld eine Kraft
auf Ströme aus.

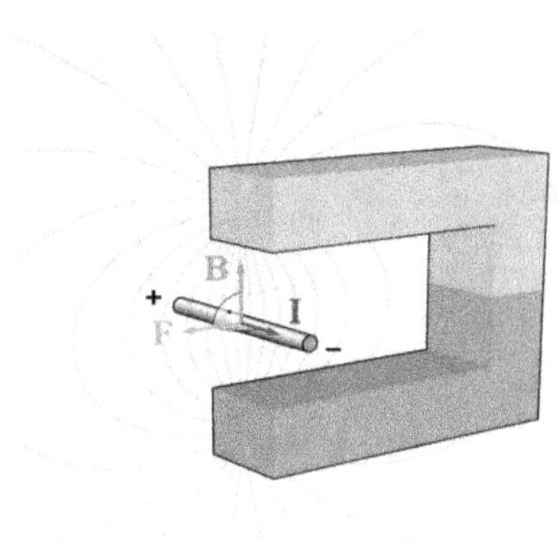

Elektrische Felder wirken auf ...alle... Ladungen.

Magnetfelder wirken auf Ströme (bewegte Ladungen),

die ...senkrecht. zu den Feldlinien fliessen.

Kraft F_B auf einen stromdurchflossenen Leiter der

......senkrecht... zur Feldrichtung steht:

$$F_B = I \cdot \ell \cdot B$$

wobei I der ...Strom..., ℓ die ...Länge...

des Leiters im Feld und B der ...magnetischen

Flussdichte bezeichnet.

Für die Richtung der Kraft gilt die

.Drei-Finger....-Regel.

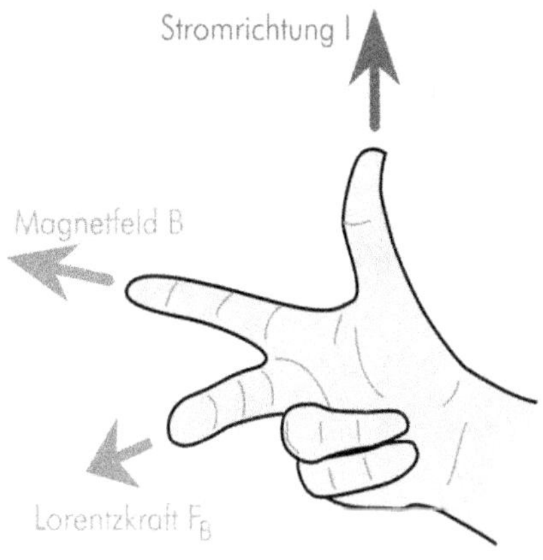

Aufgabe 63: In welche Richtung wirkt die Kraft auf den Leiter im Magnetfeld?
(Rot: Nordpol, Grün: Südpol)

☐ Das Leiterstück erfährt eine Kraft nach links-vorne.

☐ Das Leiterstück erfährt eine Kraft nach rechts-hinten.

☐ Das Leiterstück erfährt eine Kraft nach oben.

☐ Das Leiterstück erfährt eine Kraft nach unten.

☐ Das Leiterstück erfährt keine Kraft.

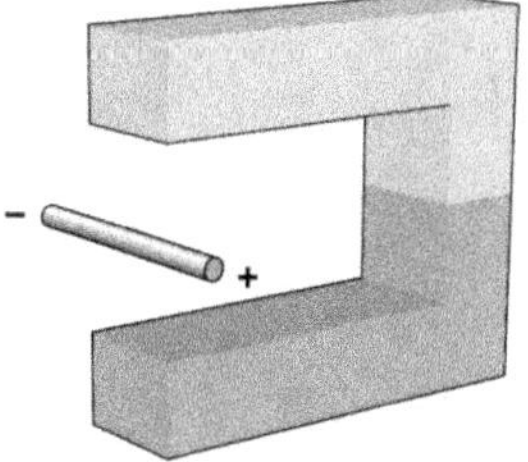

Aufgabe 64: In welche Richtung wirkt die Kraft auf den Leiter im Magnetfeld?
(Rot: Nordpol, Grün: Südpol)

☐ Das Leiterstück erfährt eine Kraft nach links-vorne.

☐ Das Leiterstück erfährt eine Kraft nach rechts-hinten.

☐ Das Leiterstück erfährt eine Kraft nach oben.

☐ Das Leiterstück erfährt eine Kraft nach unten.

☐ Das Leiterstück erfährt keine Kraft.

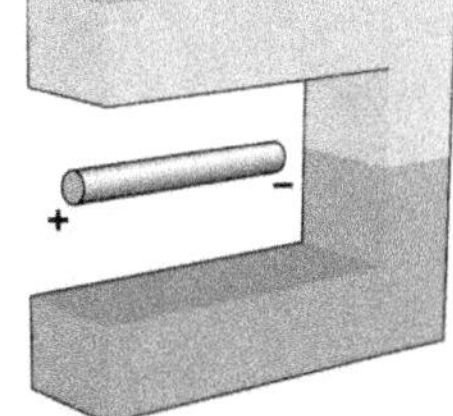

Aufgabe 65: Das Bild zeigt die schematische Darstellung der Funktionsweise eines Gleichstrommotors mit Permanentmagneten. Diese Magnete (Stator) erzeugen ein Magnetfeld im Raum zwischen den Polschuhen. In diesem Feld befindet sich eine drehbare Spule – der Rotor. Auf diesen stromdurchflossenen Leiter wirkt eine Kraft, die ein Drehmoment erzeugt. Alternativ kann man das Drehmoment auch durch die Abstossung der Pole der Magnete erklären. Der Rotor wird bei jeder Halbdrehung umgepolt, um die kontinuierliche Drehbewegung aufrechtzuerhalten.

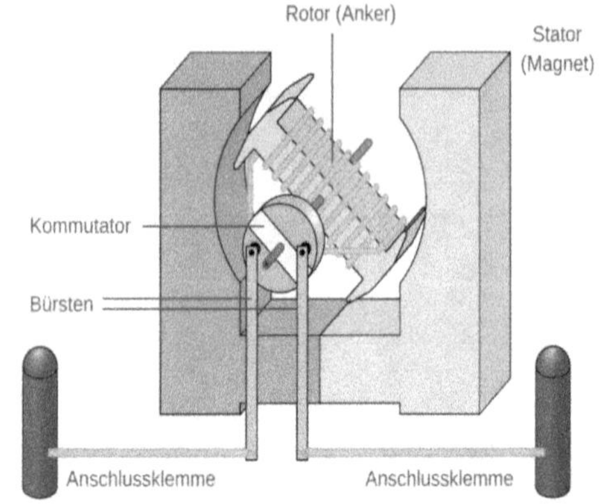

a) Zeichne in allen Figuren die Richtung der Kraft auf die rote und auf die grüne Hälfte des Rotors ein.

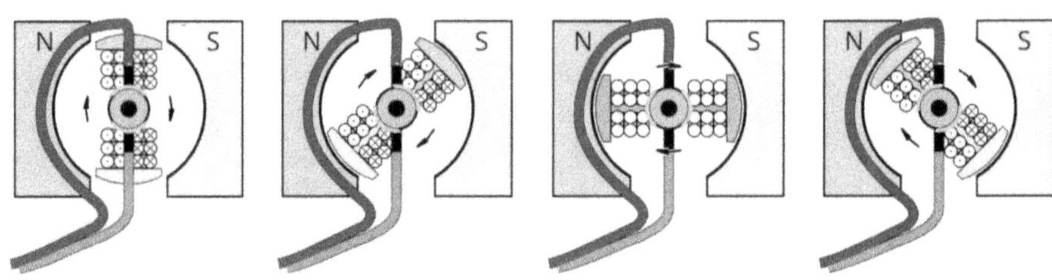

b) Bei welcher Stellung des Rotors in diesen Abbildungen unten wird der Strom umgepolt?

c) Warum muss bei diesem Motortyp die Lücke zwischen den metallischen Halbringen am Kommutator breiter sein als die Bürsten, durch welche der Strom zugeführt wird?

Lösungen

1. $e = 1.602 \cdot 10^{-19}$ C

2. $n = 5.0 \cdot 10^{12}$

3. a) Ein Körper ist elektrisch neutral, wenn die Anzahl positiver und negativer Ladungsträger gleich ist. Die Ladungen heben sich gegenseitig auf.
    b) Ein Körper ist elektrisch geladen, wenn ein Ungleichgewicht der Ladungen vorliegt. Das bedeutet, er besitzt entweder mehr negative oder mehr positive Ladungsträger.
    c) Ein Körper ist positiv geladen, wenn ihm Elektronen (negative Ladungsträger) fehlen. Ist er negativ geladen, hat er einen Überschuss an Elektronen.

4. a) $N = 2.25 \cdot 10^{22}$
    b) Die Gesamtladung der Batterie bleibt unverändert. Sie ist null.
    c) Die entladene Batterie vermag den Kreislauf der Elektronen nicht aufrechtzuerhalten, d.h. die Ladungen sind nicht mehr getrennt. Die Ladung hat sich jedoch nicht verändert.

5. a) $Q = I \cdot t = 2A \cdot 300s = 600 C$
    b) $N = 3.75 \cdot 10^{21}$

6. In einem elektrischen Leiter bewegen sich Elektronen aufgrund ihrer negativen Ladung vom negativ zum positiv geladenen Pol. Im 19. Jahrhundert, als die Stromrichtung festgelegt wurde, war jedoch noch nicht bekannt, dass sich in metallischen Leitern die negativen Ladungsträger bewegen. Man definierte die technische Stromrichtung als die Richtung, in der positive Ladungsträger bewegt werden würden. Daher verläuft die technische Stromrichtung von Plus nach Minus.

7. $v_{Drift} = 36$ $^{cm}/_h$

8. $W = 220$ J

9. $Q = 90.90$ C

10. a) $t = 350'000$ s $= 97.2$ h $= 4.05$ d
    b) $W = 12$ J
    c) $W = 50'400$ J
    d) chemische Energie
    e) $P = 0.144$ W $= 144$ mW

11. a) $E = 0.01$ J
    b) $v = 2$ m/s
    c) $a = 13.3$ m/s2
    d) $s = 0.15$ m $= 15$ cm
    e) $F = 0.0666$ N $= 66.6$ mN

12. $R = 75$ Ω

13. $U = 4.5$ V

14. $U = 140$ V

15. $I = 76$ A

16. Mit zunehmender Steigung:
    $l = 2000$ m, $l = 1000$ m, $l = 500$ m

17. Mit zunehmender Steigung:
    $A = 1$ mm^2, $A = 2$ mm^2, $A = 4$ mm^2

18. Mit zunehmender Steigung:
    Wolfram, Gold, Kupfer

19. Gold oxidiert nicht und ist sehr resistent gegen Korrosion. Dies sorgt für eine zuverlässige Verbindung über lange Zeiträume.

20. Ein geringer Widerstand ist gar nicht erwünscht, da der Draht heiss werden muss. Wolfram hat die höchste Schmelztemperatur aller Metalle (3422°C). Dies ermöglicht es dem Glühdraht, bei hohen Temperaturen betrieben zu werden, ohne zu schmelzen oder sich zu verformen.

21. $l = 2.64$ m

22. $R = 8$ Ω

23. Diese Drähte folgen nicht dem Ohm'schen Gesetz. Metallfaden (Kaltleiter): Die Steigung der Strom-Spannungs-Kennlinie nimmt mit zunehmender Spannung ab, was bedeutet, dass der Widerstand steigt. Mit zunehmender Temperatur erhöht sich der Widerstand, da die thermische Bewegung der Atome mehr Stösse der Elektronen verursacht und diese dadurch stärker gebremst werden. Kohlenfaden (Heissleiter): Die Steigung der Kennlinie nimmt zu, der Widerstand sinkt also mit steigender Temperatur. Bei höheren Temperaturen werden in der Kohle mehr Elektronen freigesetzt, wodurch die Leitfähigkeit des Drahtes zunimmt.

24. a) 36 W
    b) 36 Wh $= 0.036$ kWh $= 129'600$ J

25. $I = 5$ mA
    $U = 50$ V

26. a) $I = 0.045$ A $= 45$ mA
    b) $t = 800'000$ s $= 222.2$ h $= 9.25$ d
    c) $W = 162'000$ J
    d) $P = 0.203$ W $= 203$ mW

27. a) $P = 1'111$ W
    b) $Q = 36'363$ C
    c) $I = 5.05$ A
    d) $R = 43.56$ Ω

28. a) $P = 795.6$ W/m^2
    b) $A = 1.40$ m^2
    c) $\eta = 15$ %

29. $A = 0.89$ mm^2

30. a) $I = 50$ mA
    b) $P = 5'000$ W

31. a) $R = 4.5$ Ω
    b) $I = 2.67$ A
       $I_3 = 2.67$ A $I_6 = 0.67$ A
       $I_2 = 2.00$ A

32. a) $R = 6$ Ω
    b) $I = 2$ A
       $I_7 = 1.2$ A $I_4 = 0.9$ A
       $I_{12} = 0.3$ A $I_{10} = I_6 = 0.8$ A

33. a) $R = 6.1538$ Ω.
    b) $I = 1.95$ A
       $I_7 = 1.2$ A $I_{10} = 0.75$ A
       $I_6 = 0.6$ A $I_{12} = 0.375$ A
       $I_5 = I_7 = 0.375$ A

34. a) $U = 4.5$ V $I = 0.4$ A
    b) $P = 1.8$ W $\eta = 30$ %

35. a) $R = 18'750.2\ \Omega$
     b) $I = 80\ \mu A$
     c) $t = 2.08\ a$
     d) $P = 120\ \mu W$
     e) $\eta = 83.3\ \%$

36. $R_{Serie} = R_1 + R_2$
     $R_{parallel} = (R_1^{-1} + R_2^{-1})^{-1}$

37. * Wenn man einen Ballon an den Haaren reibt,
       werden die Haare durch elektrische
       Ladungen angezogen.
     * Die elektrische Entladung zwischen einer
       Wolke und der Erde ist auf die Ladungen in
       der Atmosphäre zurückzuführen.
     * Beim Ausziehen eines Wollpullovers knistern
       manchmal die Fasern, weil sich durch
       Reibung elektrische Ladungen aufbauen.
     * Staubpartikel bleiben oft an Bildschirmen oder
       anderen Oberflächen haften, da diese
       Oberflächen elektrisch aufgeladen sind.

38. Die Tatsache, dass elektrische Kräfte sowohl
     anziehend als auch abstossend wirken können,
     lässt erkennen, dass es mindestens zwei
     verschiedene Arten von Ladungen gibt.

39. Der Kamm ist leitend und nimmt die
     überschüssigen Elektronen der geladenen
     Haare auf. Die Elektronen auf den Haaren
     können sich nicht bewegen. Wenn der Kamm
     das Haar berührt, werden überschüssige
     Elektronen abtransportiert und das Haar wird
     neutralisiert. Sind die Haare positiv geladen,
     gibt der Kamm Elektronen ab und neutralisiert
     die Haare ebenfalls. Die Ladung kann vom
     Kamm über die Hand in die Erde abfliessen.

40. a) Der Ausschlag geht zurück.
     b) Der Ausschlag nimmt zu.

41. Die Influenz trennt die Ladungen auf den
     Platten, bleibt jedoch nur im Kondensator
     bestehen. Sobald die Platten ausserhalb des
     Kondensators sind, verteilt sich die Ladung
     wieder gleichmässig auf den verbundenen
     Platten. Anders verhält es sich, wenn die Platten
     im Kondensator getrennt werden. Die Influenz
     bewirkt die Ladungstrennung. Diese kann beim
     Herausnehmen nicht rückgängig gemacht
     werden, da die Platten nicht mehr in Kontakt
     stehen. Am Elektroskop zeigt sich zudem, dass
     die Platten gleich stark geladen sind. Die
     Ladung wurde lediglich getrennt; es floss keine
     elektrische Ladung ab und es wurde keine
     hinzugefügt (Ladungserhaltung).

42. a) $F_E = 2.30\ mN$; abstossend
     b) $Q_2 = -5.31 \cdot 10^{-8}\ C$
     c) $r = 6.66\ cm$; anziehend
     d) $Q_2 = -9.16 \cdot 10^{-8}\ C$
     e) $r = 9.17\ mm$; abstossend
     f) $F_E = -6.31\ mN$; anziehend

43. An den Spitzen ist der Krümmungsradius sehr klein,
     wodurch die Coulomb-Kraft (bzw. das elektrische
     Feld) sehr gross wird.

44. a) $Q = 2.00 \cdot 10^{-7}\ C$
     b) $F_E(5\ cm) = 4 \cdot 36\ mN = 144\ mN$
        $F_E(2.5\ cm) = 16 \cdot 36\ mN = 576\ mN$
     c) $F_E(½, ¼) = \frac{1}{8} \cdot 36\ mN = 4.5\ mN$

45. $F_E = 8.99 \cdot 10^7\ N$
     Die Ladung und somit die Kraft ist riesig. Die
     Ladung würde sich in einem Blitz entladen.

46. a) $F_E = 540 \cdot 10^{-6}\ N$ (Anziehung)
     b) $Q_1 = Q_2 = +0.5 \cdot 10^{-8}\ C$
        $F_E = 22.5 \cdot 10^{-6}\ N$ (Abstossung)

47. *Seiden… :* Seide ist ein guter Isolator. Die
        Ladung kann nicht abfliessen. Zudem ist
        Seide sehr leicht und die Masse des Fadens
        kann vernachlässigt werden.
     frei aufgehängt: Es wirken zunächst keine
        anderen Kräfte als die Gewichtskraft und die
        Fadenkraft.
     oberflächenleitendes: Die Ladung kann sich
        auf einer leitenden Oberfläche gleichmässig
        verteilen. So liegt der Ladungsschwerpunkt
        in der Mitte. Das Coulomb'sche Gesetz ist
        nur für Punktladungen und
        radialsymmetrisch geladene Kugeln gültig.
     Anfangs…: Wenn sich das Holundermark-
        Kügelchen schon von der geladenen Kugel
        wegbewegt hat, wirkt eine andere Kraft und
        somit auch eine andere Beschleunigung.
     feststehende: Die geladene Kugel soll sich
        nicht bewegen. So ist die Situation für den
        betrachteten Augenblick statisch.
     auf gleicher Höhe befindliche: Die Kraft auf
        das Holundermark-Kügelchen soll senkrecht
        zum Faden wirken. So ist die resultierende
        Kraft gleich der Coulomb-Kraft.
     in vernachlässigbarer Zeit: Während des
        Aufladens der Kugel nimmt die Kraft auf das
        Holundermark-Kügelchen zu. Es soll aber
        mit der Kraft gerechnet werden, die bei der
        endgültigen Ladung der Kugel wirkt.
     $F_E = 1.80 \cdot 10^{-4}\ N$, $a = 0.60\ m/s^2$

48. $m = 1\ g$
     $M = 23.0\ g + 35.5\ g = 58.5\ g$
     $n = {}^m/_M = 0.0171\ mol$
     $N = n \cdot N_A = 1.03 \cdot 10^{22}$
     $Q = N \cdot e = 1'649\ C$
     $F_E = 2.45 \cdot 10^{10}\ N$

49. $E = 5 \cdot 10^6\ {}^N/_C$

50. $F_E = 1.6 \cdot 10^{-27}\ N$
     $a = 1'759\ m/s^2$

51. a) $E(1\ m) = 180 \cdot kN/C$
     b) $E(2\ m) = 45\ kN/C$
     c) $E(3\ m) = 20\ kN/C$

52. a) positiver Monopol

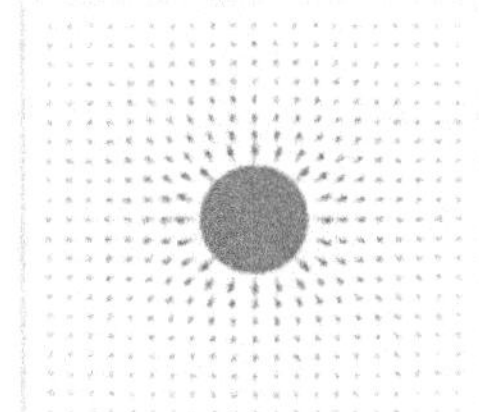

b) negativer Monopol

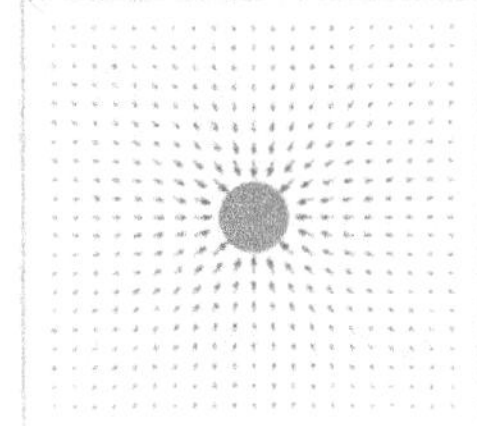

c) Dipol

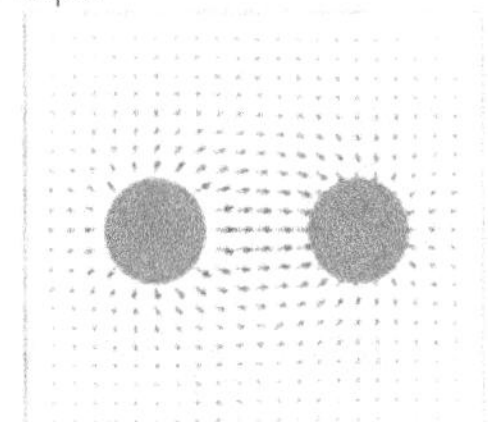

d) zwei positiv geladene Kugeln

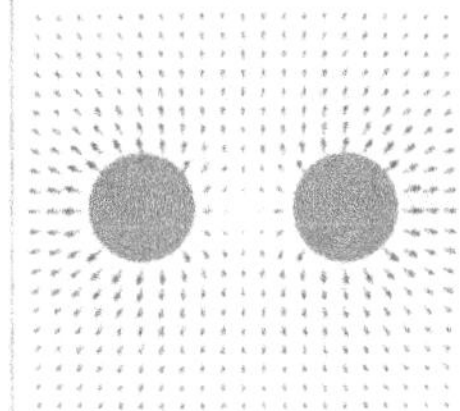

e) Quadrupol

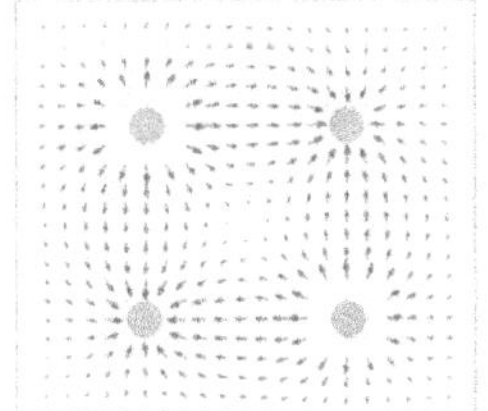

f) Spiegelladung

53. a) positiver Monopol

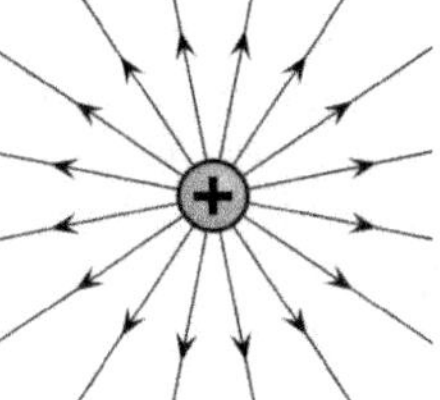

b) negativer Monopol

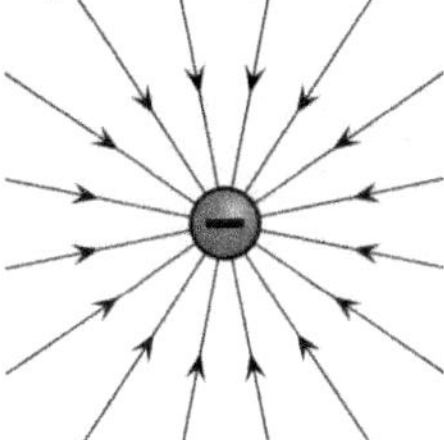

c) Dipol

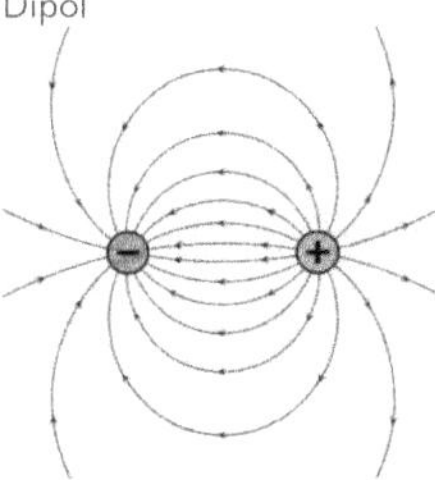

d) zwei positiv geladene Kugeln

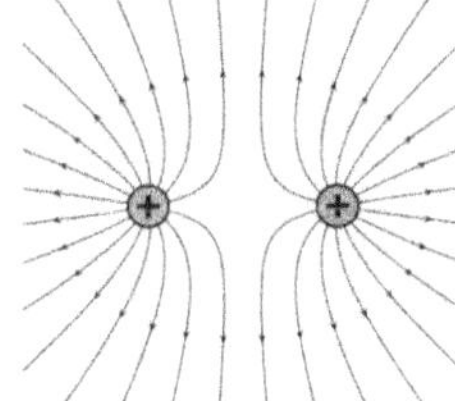

e) Quadrupol

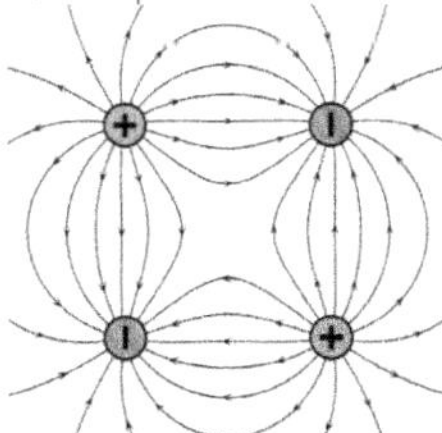

f) Spiegelladung

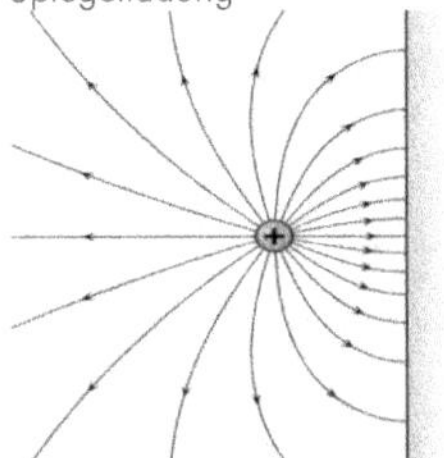

54. Nein. Das Feld bewirkt eine Kraft auf das
    Tröpfchen. Wegen der Trägheit der Masse folgt
    das Tröpfchen jedoch nicht der Feldlinie.

55. a) Rechte Ladung negativ.
       Gleicher Betrag wie linke Ladung.
    b) Rechte Ladung negativ.
       Betrag kleiner als bei der linken Ladung.
    c) Rechte Ladung positiv.
       Gleicher Betrag wie linke Ladung.

56. Die Feldlinien stehen senkrecht auf den Leitern.
    Die Hohlräume sind feldfrei.

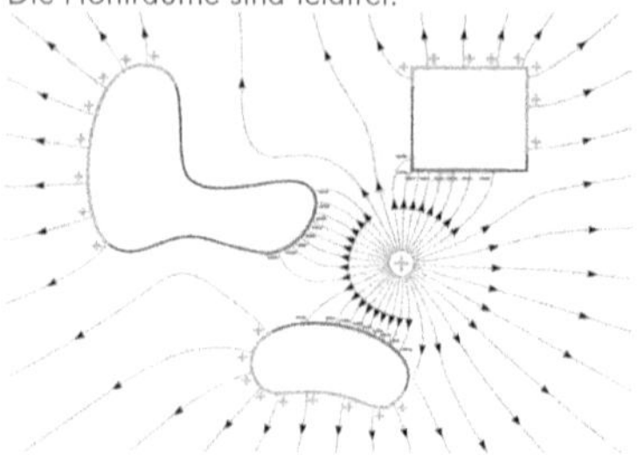

57. In etwa zum geographischen Nordpol.
    Genau zum magnetischen Nordpol.

58. Beide Teile sind Dipole. Sie haben also je einen Nord- und einen Südpol.

59. Richtig sind die Antworten 2 und 3.

60. Der Nordpol ist dunkelgrau und der Südpol hellgrau.

61. Die Feldlinienbilder dieser Magnetfelder:

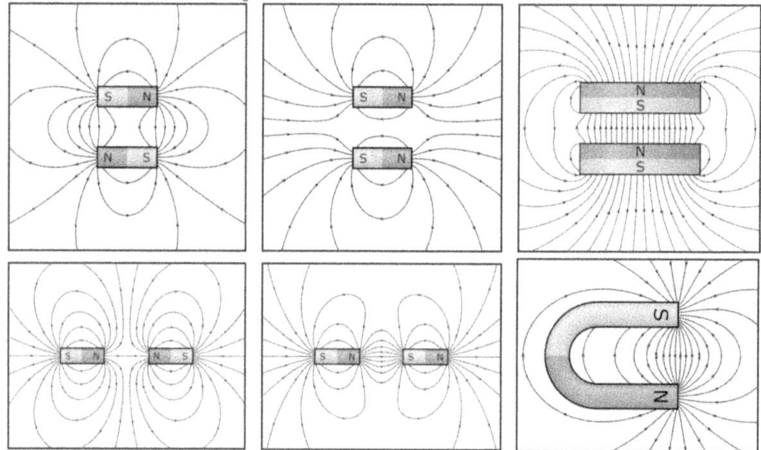

62. Die Ströme sind hier eingezeichnet:

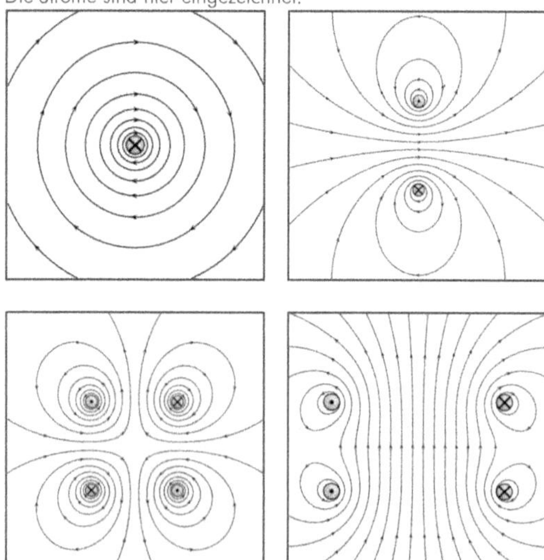

63. Das Leiterstück erfährt eine Kraft nach rechts-hinten.

64. Das Leiterstück erfährt keine Kraft.

65. a) Die Kraft auf die rote Hälfte wirkt stets nach rechts, während die Kraft auf die grüne Hälfte immer nach links zeigt. Dadurch entsteht ein Drehmoment, das den Rotor im Uhrzeigersinn rotieren lässt.

b) Wenn der Rotor horizontal liegt (Bild 3), wird die Stromrichtung umgekehrt.

c) Die Lücke zwischen den metallischen Halbringen des Kommutators muss grösser als die Breite der Bürsten sein. Andernfalls kommt es beim Umpolen zu einem Kurzschluss.

Seite 4   „Charles Augustin de Coulomb" via Wikimedia Commons (Public Domain)
           „Elektrostatik auf dem Spielplatz" von Ken Bosma from Green Valley, Arizona via Wikimedia Commons
           (Creative Commons BY-SA 2.0)
           „Katze" von Sean McGrath via Wikimedia Commons (Creative Commons BY-SA 3.0)
Seite 5   „Wassermodell" von Georg Fuchs via Wikimedia Commons (Creative Commons BY-SA 3.0)
Seite 6   „André-Marie Ampère" von Ambrose Tardieu via Wikimedia Commons (Public Domain)
           „Stromrichtung" von Cepheiden via Wikimedia Commons (Creative Commons BY-SA 3.0)
           „Driftgeschwindigkeit" von Psinha36
Seite 7   „Volta" von Giuseppe Bertini (Public Domain) via Wikimedia Commons (Creative Commons BY-SA 3.0)
           „Kondensator" von SiriusA via Wikimedia Commons (Public Domain)
Seite 9   „Widerstand" von Omegatron via Wikimedia Commons (Creative Commons BY-SA 3.0)
Seite 10   „Volt, Ohm, Ampère" von Christinelmiller via Wikimedia Commons (Creative Commons BY-SA 4.0)
           „Georg Simon Ohm" via Wikimedia Commons (Public Domain)
Seite 11   „Glühdraht" von Arnoldius via Wikimedia Commons (Creative Commons BY-SA 3.0)
           „Autobatterie" von Thomas Wydra via Wikimedia Commons (Public Domain)
           „Wassermodell" von Georg Fuchs via Wikimedia Commons (Creative Commons BY-SA 3.0)
Seite 12   „Van de Graaff Generator" von ArchibaldWagner via Wikimedia Commons (CC BY-SA 3.0)
           „Warnzeichen" via Wikimedia Commons (Public Domain)
           „Gaskraftwerk Berlin-Mitte" von Georg Slickers via Wikimedia Commons (Creative Commons BY-SA 3.0)
           „220 kV-Masten" von Kelbraer via Wikimedia Commons (Creative Commons BY-SA 4.0)
           „AC/DC" von Egghead06 via Wikimedia Commons (Creative Commons BY-SA 4.0)
Seite 13   „Wassermodelle" von Georg Fuchs via Wikimedia Commons (Creative Commons BY-SA 3.0)
Seite 15   „Widerstände" von Honina via Wikimedia Commons (Creative Commons BY-SA 3.0)
Seite 16   „Reibungselektrizität" von Aaron Liu, TotoBaggins, Mckdandy via Wikimedia Commons (CC BY-SA 3.0)
           „Tribologische Reihe" von MikeRun via Wikimedia Commons (Creative Commons BY-SA 4.0)
Seite 18   „Antistatik-Tüte" von Zidane2k1 via Wikimedia Commons (Creative Commons BY-SA 3.0)
           „Elektroskop" von Stw & Beao via Wikimedia Commons (Creative Commons BY-SA 3.0)
Seite 19   „Coulomb'sche Gesetz" von MikeRun via Wikimedia Commons (Creative Commons BY-SA 4.0)
Seite 20   „CN Tower" von Raul Heinrich via Wikimedia Commons (Creative Commons BY-SA 3.0)
Seite 21   „Magnetismus" von R. Descarte via Wikimedia Commons (Public Domain)
           „Theoria motuum planetarium et cometarum" von L. Euler (Public Domain)
           „Stabmagnet" von N. H. Black & H. N. Davis via Wikimedia Commons (Public Domain)
           „Dipol" von MikeRun via Wikimedia Commons (Creative Commons BY-SA 4.0)
           „Feld einer Helmholtz Spule" von J. C. Maxwell via Wikimedia Commons (Public Domain)
           „Gravity Probe B", National Aeronautics and Space Administration NASA (Public Domain)
Seite 23   „Addition von Felder" von すじにくシチュー via Wikimedia Commons (Public Domain)
           „Feldlinien" von MikeRun via Wikimedia Commons (Creative Commons BY-SA 4.0)
Seite 24ff „Felder von Ladungen" von Geek3 via Wikimedia Commons (Creative Commons BY-SA 3.0)
Seite 25   „Farday Käfig" von MikeRun via Wikimedia Commons (Creative Commons BY-SA 4.0)
           „Oberfläche eines Leiters" von MikeRun via Wikimedia Commons (Creative Commons BY-SA 4.0)
Seite 26   „Kompass" via Wikimedia Commons (Public Domain)
Seite 26ff „Magnete & Magnetfelder" von Geek3 via Wikimedia Commons (Creative Commons BY-SA 3.0)
Seite 27   „Eisenfeilspäne" von Berndt Meyer via Wikimedia Commons (Creative Commons BY-SA 3.0)
Seite 29   „Eisenfeilspäne" von Maciej J. Mrowinski via Wikimedia Commons (Creative Commons BY-SA 4.0)
           „Leiter mit B-Feld" von Stannered via Wikimedia Commons (Creative Commons BY-SA 3.0)
Seite 30   „Spule" von MikeRun via Wikimedia Commons (Creative Commons BY-SA 4.0)
Seite 31   „Lorentzkraft" von MikeRun via Wikimedia Commons (Creative Commons BY-SA 4.0)
           „Rechte Hand Regel" von Acdx via Wikimedia Commons (Creative Commons BY-SA 3.0)
Seite 32   „DC Motor" von Honina via Wikimedia Commons (Creative Commons BY-SA 3.0)
           „Animation eines Motors" von Michael Frey via Wikimedia Commons (Creative Commons BY-SA 3.0)
Seite 35ff „Felder von Ladungen" von Geek3 via Wikimedia Commons (Creative Commons BY-SA 3.0)

Alle restlichen Grafiken von Christian Wyss (Creative Commons BY-SA 4.0)

Die Creative Commons Lizenzen sind unter https://creativecommons.org/ erhältlich.

Das vorliegende Skript wurde von Dr. Christian Wyss erstellt und ist unter www.mathema.ch zu beziehen.

Fortgeschrittene Elektrizitätslehre

$$\oint_{\partial A} \vec{B} \cdot d\vec{s} = \iint_A \mu_0 \vec{i} \cdot d\vec{A} + \frac{\partial}{\partial t} \iint_A \mu_0 \varepsilon_0 \vec{E} \cdot d\vec{A}$$

$$\oint_{\partial A} \vec{E} \cdot d\vec{s} = -\frac{\partial}{\partial t} \iint_A \vec{B} \cdot d\vec{A}$$

$$\oiint_{\partial V} \vec{E} \cdot d\vec{A} = \iiint_V \frac{\rho}{\varepsilon_0} \cdot dV$$

$$\oiint_{\partial V} \vec{B} \cdot d\vec{A} = 0$$

$$\vec{\nabla} \cdot \vec{B} = 0$$

$$\vec{\nabla} \cdot \vec{E} = \frac{\rho}{\varepsilon_0}$$

$$\vec{\nabla} \times \vec{E} = -\frac{\partial \vec{B}}{\partial t}$$

$$\vec{\nabla} \times \vec{B} = \mu_0 \vec{i} + \mu_0 \varepsilon_0 \frac{\partial \vec{E}}{\partial t}$$

James Clerk Maxwell (*1831 in Edinburgh; † 1879 in Cambridge) war ein schottischer Physiker. Er entwickelte einen Satz von Gleichungen, welche die Grundlagen der Elektrizitätslehre und des Magnetismus bilden. Sie sind eine der wichtigsten Leistungen der Physik und Mathematik des 19. Jhd. Er entwickelte ebenfalls die kinetische Gastheorie und gilt damit als einer der Begründer der Statistischen Mechanik. Maxwell veröffentlichte im Jahre 1861 die erste Farbfotografie als Nachweis für die Theorie der additiven Farbmischung.

1. Das elektrische Feld

Lorentzkraft F_E (elektrischer Anteil)

Das elektrische Feld ist ein physikalisches Feld, das auf …… *Ladungen* …… wirkt.

Das elektrische Feld ist ein …… *Vektorfeld* …… – es ordnet jedem Punkt im Raum

den Vektor der elektrischen (Feld-)flussdichte $\vec{E}$ zu (kurz, aber ungenau elektrische Feldstärke)[1].

Das elektrische Feld $\vec{E}$ bewirkt auf

  eine Ladung q eine Kraft: $\vec{F}_E = \vec{E} \cdot q$

  (elektrischer Anteil der Lorentzkraft F_E)[2].

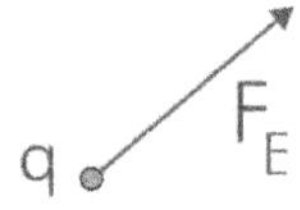

Die Einheit der elektrischen (Feld-)flussdichte ist $[\vec{E}] = \dfrac{N}{C}$

Das statische elektrische Feld

Die Eigenschaften des elektrischen und des magnetischen Feldes werden durch die Gleichungen von James Clerk Maxwell beschrieben. Diese Gleichungen beschreiben, wie elektrische und magnetische Felder miteinander sowie mit elektrischen Ladungen und Strömen interagieren. In Kombination mit der Lorentzkraft erklären sie sämtliche Phänomene der klassischen Elektrodynamik und bilden somit die theoretische Grundlage für die Optik und die Elektrotechnik.

Der Umgang mit den Maxwell-Gleichungen erfordert fundierte Kenntnisse in der Vektoranalysis. Im Folgenden werden Teile ihrer Aussagen über die Eigenschaften statischer elektrischer und magnetischer Felder etwas vereinfacht wiedergegeben.

Die *Quellen und Senken* des elektrischen Feldes sind

  die …… *Ladungen* …… Q:

  $$\vec{E} = \frac{1}{4 \cdot \pi \cdot \varepsilon_0} \frac{Q}{r^2} \frac{\vec{r}}{r} \qquad \text{(Coulomb-Gesetz)}$$

Das statische elektrische Feld ist wirbelfrei, d.h. es hat

keine …… *geschlossenen* …… Feldlinien.

Wobei der Wert der *elektrischen Feldkonstanten*

  $\varepsilon_0 = 8.854188 \cdot 10^{-12}\ A \cdot s \cdot V^{-1} \cdot A^{-1}$ beträgt.

---

[1] Die Grösse E beschreibt eine Feldflussdichte, die das elektrische Feld charakterisiert. Wir werden sie daher als elektrische (Feld-)flussdichte bezeichnen. Bedauerlicherweise ist die Nomenklatura in der Literatur zur Elektrodynamik jedoch nicht sehr einheitlich. Häufig wird der Begriff *elektrische Feldflussdichte* für die *elektrische Verschiebungsflussdichte* verwendet. Dies ist meines Erachtens eine wenig geeignete Nomenklatur. Zudem wird oft wird die elektrische Feldflussdichte auch kurz, jedoch ungenau *elektrische Feldstärke* genannt.

[2] Häufig, wenn auch veraltet, als Coulomb-Kraft bezeichnet.

Um die Kraft einer komplexen Ladungsverteilung auf eine Probeladung zu bestimmen, werden alle von den einzelnen Ladungen erzeugten Kräfte vektoriell addiert.

$$\vec{F} = \vec{F}_1 + \vec{F}_2 + \ldots + \vec{F}_n = \sum_{\text{alle Kräfte}} \vec{F}_i$$

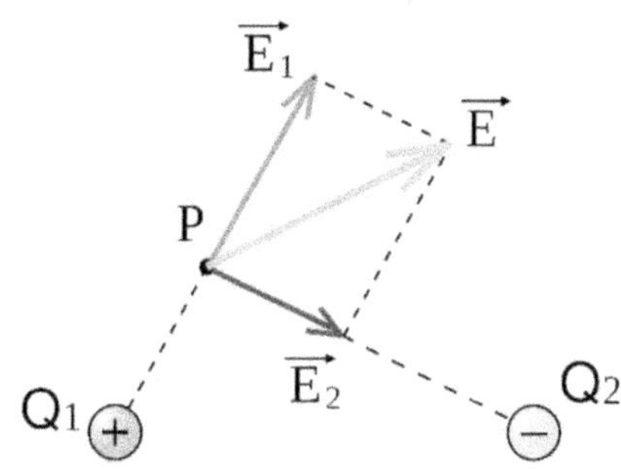

Wir dividieren diesen Ausdruck durch die Probeladung q und erhalten:

$$\vec{E} = \vec{E}_1 + \vec{E}_2 + \ldots + \vec{E}_n = \sum_{\text{alle Felder}} \vec{E}_i$$

Die Felder mehrerer Punktladungen überlagern sich ungestört und wir können die Flussdichten der einzelnen Punktladungen ...vektoriell.. addieren (*Superpositionsprinzip*).

Aufgabe 1: Zwei Punktladungen befinden sich auf der x-Achse:
$Q_1 = 25\ \mu C$ liegt bei $x = 0$ m und $Q_2 = -10\ \mu C$ liegt bei $x = 2$ m

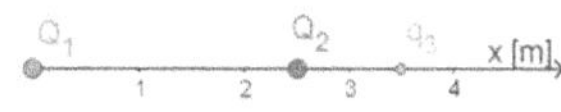

  a) Berechne die elektrische Flussdichte an der Stelle $x = 3.5$ m.

  b) An der Stelle $x = 3.5$ m befindet sich eine kleine Probeladung $q_3 = 2$ nC. Berechne die Kraft auf diese Probeladung.

Aufgabe 2: Betrachte die Ladungsverteilung im dargestellten Bild. Dabei befindet sich die Ladung im Ursprung (d.h. bei $x = y = 0$ m) und $Q_2 = -15\ \mu C$ bei $x = 2$ m.

  a) Bestimme den Betrag der elektrischen Flussdichte im Punkt $x = 2$ m und $y = 2$ m.

  b) In diesem Punkt befindet sich eine kleine Ladung $q_3 = 20$ nC. Wie gross ist die Kraft, die auf q_3 einwirkt?

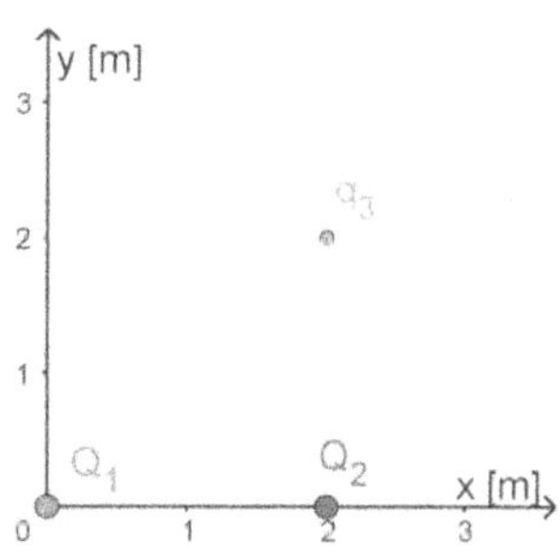

Aufgabe 3: Zwei Ladungen Q und 4Q befinden sich im festen Abstand d voneinander. In welchem Punkt x (Abstand von der Ladung Q in Richtung der Ladung 4Q) der Verbindungsgeraden der beiden Ladungen verschwindet das Feld,

  a) wenn beide Ladungen das gleiche Vorzeichen haben?

  b) wenn beide Ladungen ein ungleiches Vorzeichen haben?

Aufgabe 4: Vier punktförmige elektrische Ladungen von je $+10^{-7}$ C befinden sich in den Ecken eines Quadrates von 20 cm Seitenlänge. Löse die Aufgabe zeichnerisch und rechnerisch.

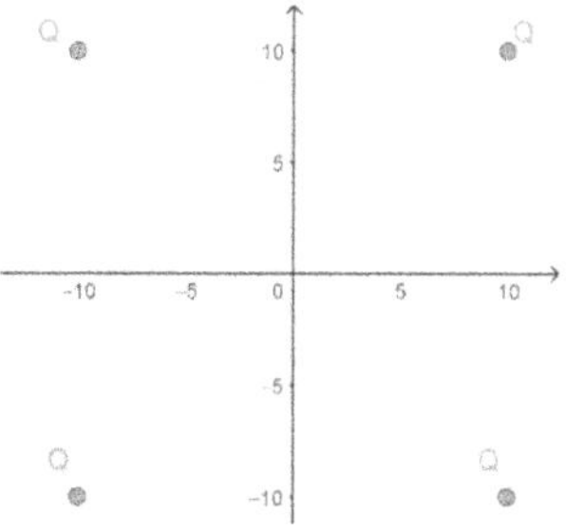

  a) Berechne die Kräfte auf diese Ladungen.

  b) Berechne die auf die vier Ladungen wirkenden Kräfte, falls eine der vier Ladungen negativ ist.

Spezielle Felder

Kugelsymmetrische Ladungsverteilung

Das Feld einer kugelsymmetrischen Ladungsverteilung ist im Aussenraum gleich dem Feld
einer Punktladung: Es handelt sich um ein

..Radial..feld: $\vec{E} = \dfrac{1}{4 \cdot \pi \cdot \varepsilon_0} \dfrac{Q}{r^2} \cdot \dfrac{\vec{r}}{r}$

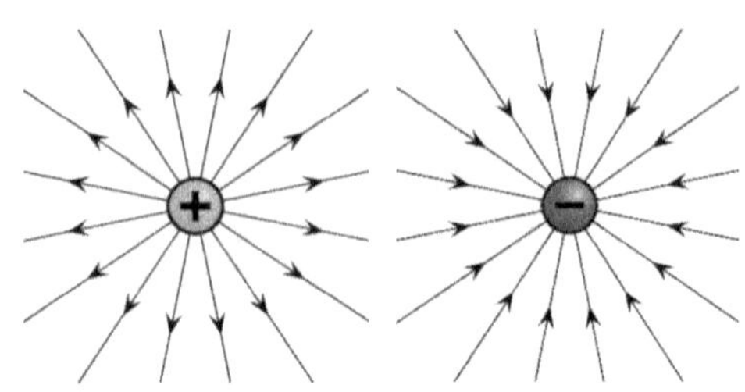

Ladungsverteilung in grossem Abstand

Wir betrachten eine Ladungsverteilung mit typischem Durchmesser d in grossem Abstand r. Der
Abstand r ist also viel grösser als der Durchmesser d. Dazu addieren wir die Flussdichtevektoren
aller Ladungen q_i der Ladungsverteilung:

$$\vec{E} = \sum_i \vec{E}_i = \sum_i \frac{1}{4 \cdot \pi \cdot \varepsilon_0} \frac{q_i}{r_i^2} \cdot \frac{\vec{r}_i}{r_i} \approx \sum_i \frac{1}{4 \cdot \pi \cdot \varepsilon_0} \frac{q_i}{r^2} \cdot \frac{\vec{r}}{r} \qquad \text{da } r_i \approx r \ \text{ für } \ r \gg d$$

$$= \frac{1}{4 \cdot \pi \cdot \varepsilon_0} \frac{1}{r^2} \cdot \frac{\vec{r}}{r} \sum_i q_i = \frac{1}{4 \cdot \pi \cdot \varepsilon_0} \frac{1}{r^2} \cdot \frac{\vec{r}}{r} Q \qquad \text{mit } Q = \sum_i q_i$$

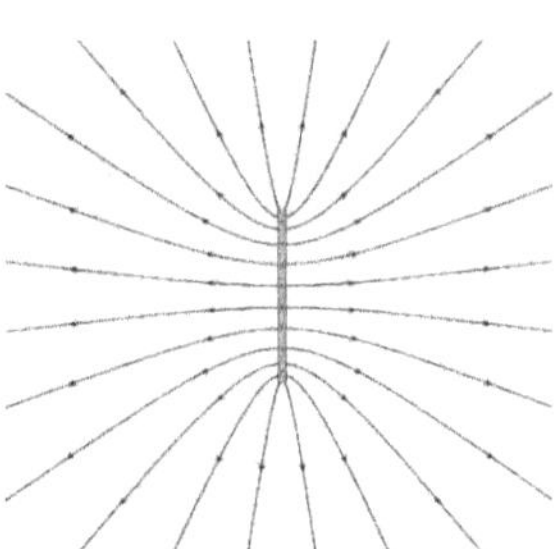

Ist der Abstand zu einer Ladungsverteilung wesentlich grösser
als der typische Durchmesser der Verteilung, so ist das Feld
der Verteilung näherungsweise gleich dem Feld einer Punktladung.

Zwei Punktladungen (Dipol)

Eine positive und eine negative Punktladung ergeben zusammen
einen elektrischen Dipol. In grossem Abstand zum Dipol
.Verschwindet... das elektrische Feld, da die Ladung
des Dipols ....null.... ist.

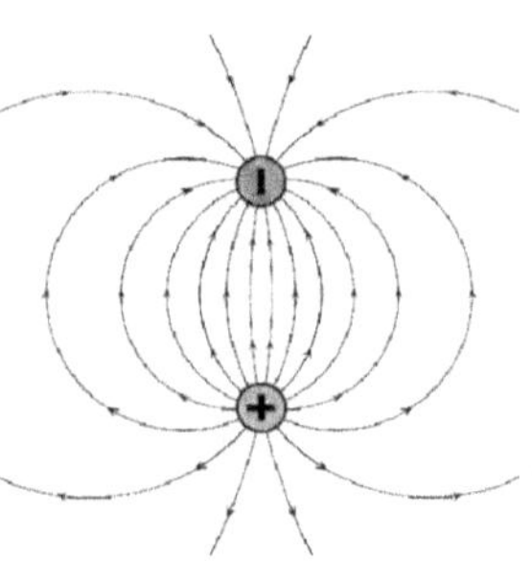

Elektrische Dipole erfordern die Trennung von Ladungen und treten
daher auf makroskopischer Skala nur selten auf. Auf mikroskopischer
Skala sind dagegen Dipole sehr häufig (z.B. H_2O Moleküle).

Der Plattenkondensator

Das Feld im Inneren eines Plattenkondensators ist homogen.
Wird der Kondensator mit der Spannung U geladen, so herrscht im
Innern des Kondensators die elektrische Flussdichte:

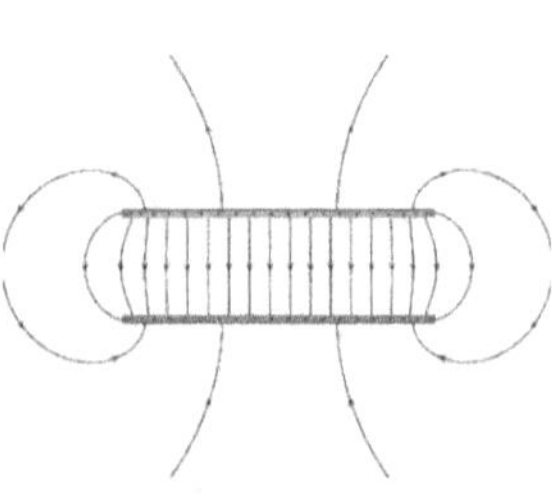

$$E = \frac{U}{d} \qquad \text{da } E = \frac{F}{q} = \frac{F \cdot d}{q \cdot d} = \frac{W}{q \cdot d} = \frac{U}{d}$$

In grossem Abstand ist der Aussenraum ...feldfrei......

Teilchen im elektrischen Feld

Das elektrische Feld $\vec{E}$ übt auf ein …*geladenes*… Teilchen die Kraft $\vec{F}_E = \vec{E} \cdot q$
(*elektrischer Anteil der Lorentzkraft*) aus.

Freie Teilchen im elektrischen Feld

Für ein freies Teilchen im elektrischen Feld (d.h. keine
weiteren Kräfte) gilt gemäss dem Aktionsprinzip folgende
Bewegungsgleichung: $m \cdot \vec{a} = \vec{E} \cdot q$. Da die Masse m stets
positiv ist, hängt die Richtung der Beschleunigung vom
Vorzeichen der Ladung q ab. Positive Ladungen werden
…*i.h.*… Richtung des elektrischen Feldes, negative
Ladungen …*gegen*… die Feldrichtung beschleunigt.

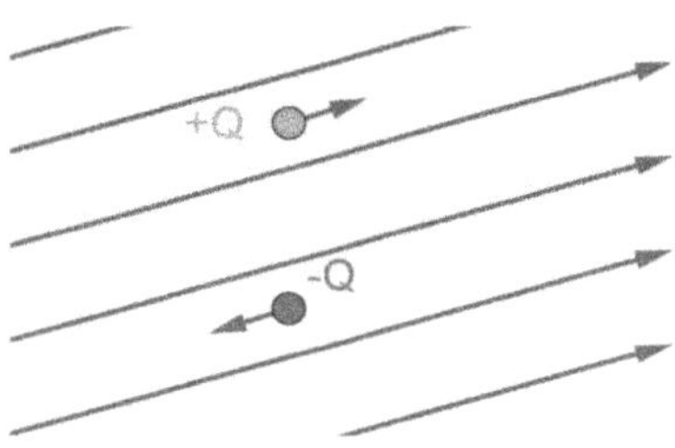

Bewegen sich geladene Teilchen in einem homogenen elektrischen Feld, kollinear zu den

Feldlinien, so nimmt der …*Betrag*… der Geschwindigkeit zu oder ab,

die …*Richtung*… bleibt jedoch konstant.

Aufgabe 5: In Teilchenbeschleunigern werden geladene Teilchen auf hohe Geschwindigkeiten
gebracht. Solche Beschleuniger finden Anwendung in der Grundlagenforschung (Teilchen-
und Kernphysik), in der Analyse (z.B. in Massenspektrometern), in der Medizin (z.B. in der
Strahlentherapie) sowie in der Industrie. Ein Proton befindet sich in einem homogenen
elektrischen Feld von 100 N/C und wird beschleunigt.

  a) Bestimme den Betrag und die Richtung der Beschleunigung, die das Proton erfährt. Das
Proton befindet sich zum Zeitpunkt t = 0 s in Ruhe.

  b) Berechne die Zeit, die das Proton benötigt, um eine Geschwindigkeit von 0.01c, d.h. 1 %
der Lichtgeschwindigkeit c zu erreichen.

  c) Berechne die Strecke, die das Proton während dieser Zeit zurücklegt.

Aufgabe 6: Eine Elektronenkanone ist eine elektrische
Vorrichtung zur Erzeugung gebündelter und gerich-
teter Elektronenstrahlen. Dabei handelt es sich um
einen kleinen Elektronenbeschleuniger. Elektronen-
kanonen finden Anwendung sowohl in der Forschung
als auch in der Industrie, etwa beim Elektronen-
strahlschweissen, Härten, Perforieren, Sterilisieren,
in der Lithografie, Lebensmittelbestrahlung,
Beschichtungstechnik sowie in Oszilloskopen,
Röntgenröhren und Röhrenmonitoren. In einer
Elektronenkanone werden Elektronen in einem
homogenen elektrischen Feld von $125 \ ^{kN}/_C$ über
eine Strecke von 4 cm beschleunigt. Welche
Geschwindigkeit erreichen die Elektronen?

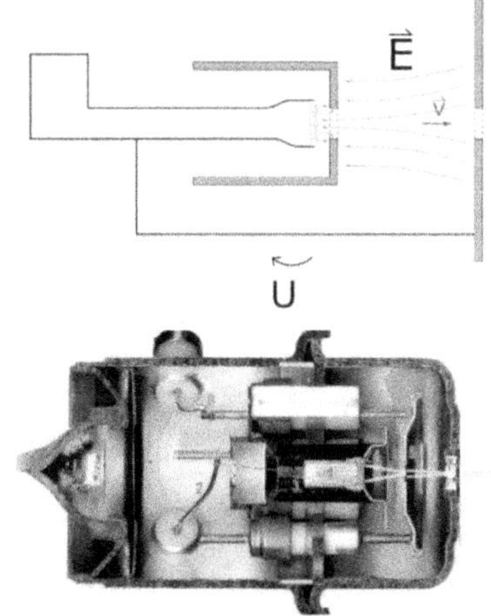

Werden die Teilchen mit einer Anfangsgeschwindigkeit
senkrecht zu den Feldlinien in ein homogenes elektrisches
Feld eingeschossen, so erfahren sie dort eine Beschleunigung senkrecht zur Bewegungsrichtung. Die Teilchen durchlaufen deshalb eine ...*Parabel*......förmige Bahn.

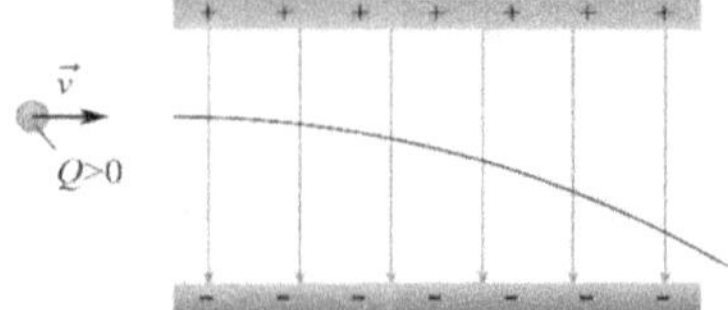

Durch geeignete Wahl der elektrischen Flussdichte E kann man jede gewünschte Ablenkung der
Teilchen aus ihrer ursprünglichen Richtung erzielen. Diese Tatsache benützt man beispielsweise
beim Fernsehapparat, um einen Elektronenstrahl auf die einzelnen Punkte der Bildröhre zu lenken.

Aufgabe 7: In einem Oszilloskop werden Elektronen in einem Feld auf eine Geschwindigkeit
von $v_z = 4.194 \cdot 10^7\ {}^m/_s$ beschleunigt. Nun
fliegen sie senkrecht zu den Feldlinien in das
homogene Feld zwischen den zwei y-Ablenk-
platten. Beim Durchqueren der Ablenkplatten
werden die Elektronen aus ihrer Bahn abgelenkt. Die Platten sind 1 cm × 1 cm gross und
das Feld zwischen den Platten beträgt
$20\ {}^{kN}/_C$. Welche Geschwindigkeit in
y-Richtung erreichen die Elektronen? Um
welchen Winkel wird der Strahl aus seiner
Flugrichtung abgelenkt?

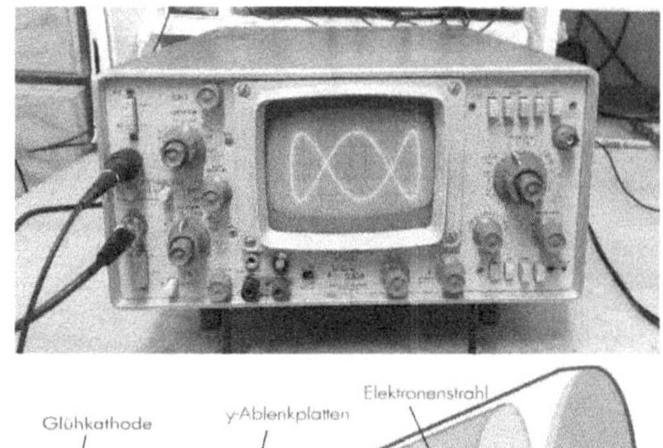

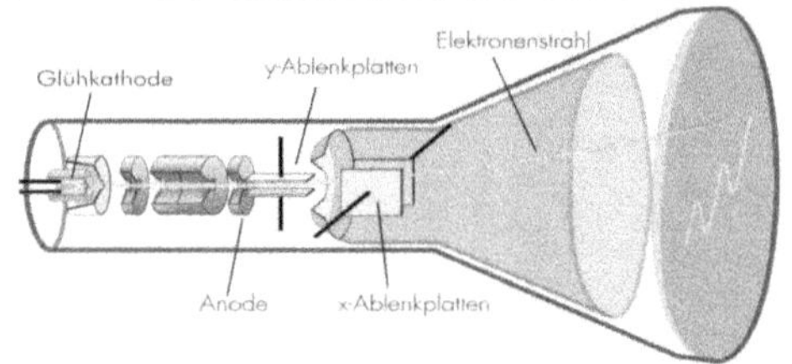

Das Experiment von Millikan

Beim Millikan-Versuch handelt es sich um ein Experiment, mit dem es den amerikanischen
Physikern Robert Andrews Millikan und Harvey Fletcher 1910 gelang, die Grösse der Elementar-
ladung e deutlich genauer zu bestimmen als es bis dahin möglich war. Für diese Messung erhielt
Robert Millikan 1923 den Nobelpreis für Physik. Millikan sprühte kleine Öltröpfchen in einen
Kondensator. Diese Tröpfchen weisen wegen der Reibung beim Austritt aus der Sprühdüse eine
kleine Ladung auf. Millikan betrachtete die Bewegung der Tröpfchen unter dem Mikroskop. Es
erwies sich, dass die möglichen Ladungen nur ein ganzzahliges Vielfaches einer elementaren
Ladung sein können: Das Elektron trägt genau eine negative Elementarladung.

Aufgabe 8: In einem Plattenkondensator (U = 178 MV) mit
einem Plattenabstand von 10 cm schweben Öltröpfchen ($m = 1.16 \cdot 10^{-10}$ kg). Die Gewichtskraft und die
elektrische Lorentzkraft heben sich also gerade auf.
   a) Berechne die Ladung Q des Tröpfchens. Wie viele
   Elementarladungen trägt das Tröpfchen?
   b) In Wirklichkeit wirken noch weitere Kräfte auf das
   Tröpfchen. Welche?
   c) In der Regel ist die Masse des Öltröpfchens nicht
   bekannt. Wie könnte diese bestimmt werden?

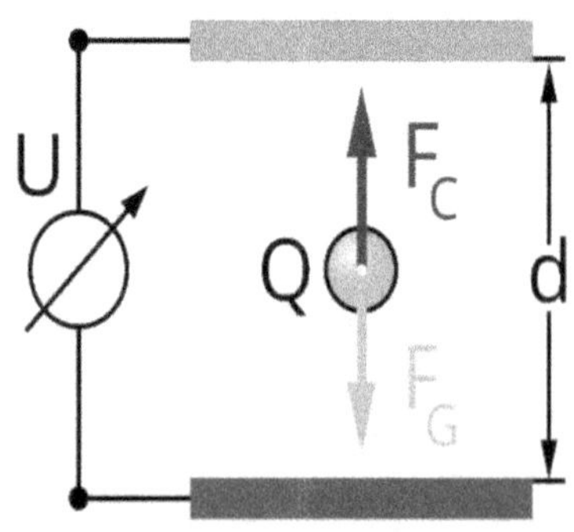

Arbeit und Spannung im elektrischen Feld

In der Mechanik haben wir die Arbeit wie folgt definiert:

$$W = \vec{F} \cdot \vec{s} = F_{\parallel} \cdot s = F \cdot s \cdot \cos \alpha$$

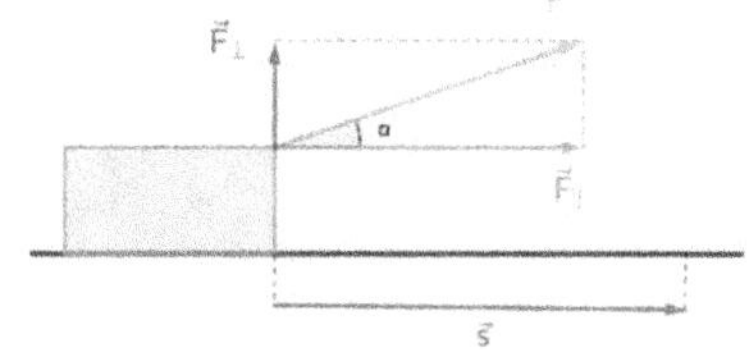

Diese Definition gilt weiterhin.

Wir bewegen eine Ladung Q im homogenen Feld E einem Weg s **parallel** zu den Feldlinien:

$$W_{\parallel} = \vec{F} \cdot \vec{s} =$$

Nun bewegen wir die Ladung Q **senkrecht** zum homogenen Feld E:

$$W_{\perp} = \vec{F} \cdot \vec{s} =$$

Bewegt man die Ladung Q auf einem beliebigen krummlinigen Weg vom Punkt A zum Punkt B, so wird der Weg in kleine, gradlinige Wegstücke, die entweder parallel oder senkrecht zu den Feldlinien, aufgeteilt.

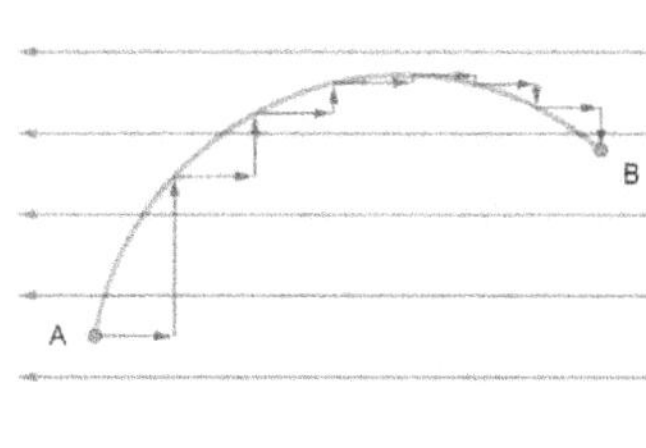

Bewegt man in einem elektrischen Feld eine Ladung vom Punkt A zum Punkt B, so ist die Arbeit W_{AB} unabhängig vom gewählten Weg.

Das elektrische Feld ist ....konservativ......., d.h.

⇔ dass die Arbeit entlang einer geschlossenen Kurve ..null..... ist,

⇔ die Zirkulation verschwindet und das Feld ....wirbel...-frei ist,

⇔ dass das Wegintegral zwischen zwei Punkten ...unabhängig vom gewählten Weg ist,

⇔ es lässt sich ein ...Potential.... φ definieren (vgl. unten).

Die Konservativität des elektrischen Felds folgt aus der ...Energieerhaltung..., wäre das Feld nicht konservativ, könnte eine zyklische Maschine Energie erzeugen, indem sie ein Teilchen entlang eines geschlossenen Pfads bewegt und dabei bei jedem Umlauf Energie gewinnen.

Die **Spannung U_{AB}** zwischen zwei Punkten A und B im elektrischen Feld ist $U_{AB} = \dfrac{W_{AB}}{Q}$

Es gilt also $U_{AB} = \int\limits_{A}^{B} \vec{E} \cdot d\vec{s}$ und im homogenen Feld gilt $U_{AB} = \vec{E} \cdot \vec{s} = E_{\parallel} \cdot s$

wobei $[U_{AB}] = \dfrac{N}{C} \cdot m = \dfrac{J}{C} = \text{Volt} = V$

Aufgabe 9: In einer Röntgenröhre werden Elektronen auf hohe Geschwindigkeiten beschleunigt und auf einen Festkörper geschossen. Beim Abbremsen dieser Elektronen entsteht Röntgenstrahlung.

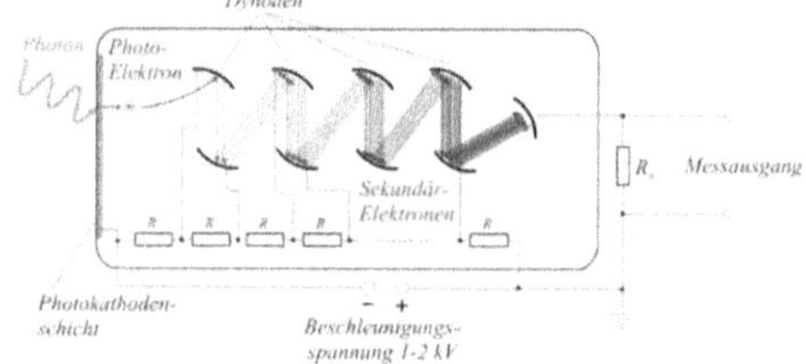

a) Wie hoch ist die Geschwindigkeit der Elektronen, wenn sie durch eine Spannung von 30 kV beschleunigt wurden?

b) Welche Geschwindigkeit erreichen die Elektronen bei einer Beschleunigungsspannung von 300 kV?

c) Wie schnell wären Protonen, wenn sie durch eine Spannung von 300 kV beschleunigt würden?

Aufgabe 10: Ein Elektron wird zwischen den Platten eines Kondensators durch eine Spannung von einem Volt beschleunigt. Wie viel Arbeit wird dabei an dem Elektron verrichtet? Diese Arbeitseinheit heisst Elektronenvolt eV.

Aufgabe 11: Ein Photomultiplier ist eine spezielle Elektronenröhre, mit dem Zweck, schwache Lichtsignale bis hin zu einzelnen Photonen zu detektieren. Dies geschieht durch Erzeugung und Verstärkung eines elektrischen Signals. Trifft ein Photon auf die Photokathode, werden durch den photoelektrischen Effekt Elektronen aus der Oberfläche gelöst. Diese freigesetzten Elektronen werden in einem elektrischen Feld beschleunigt und treffen auf weitere Elektroden, die sogenannten Dynoden. Jedes auf der Dynode auftreffende Elektron schlägt mehrere Sekundärelektronen heraus. Somit nimmt die Anzahl der Elektronen von Dynode zu Dynode zu. Damit dies geschieht, muss jede Dynode eine höhere Spannung gegenüber der vorhergehenden haben (im Schema von links nach rechts). Zum Schluss treffen die Elektronen auf eine Anode und fliessen als messbarer Strom zur Masse ab. Um dies zu ermöglichen, müssen die Dynoden auf zunehmend positivem Potential liegen. Am Ende werden die Elektronen von der Anode gesammelt, wodurch ein Strom fliesst.

a) Wenn ein Elektron an jeder Dynode typischerweise 5 Sekundärelektronen freisetzt, wie viele Elektronen erreichen die Anode nach 12 Dynoden, wenn das ein Photon ein einzelnes Elektron an der Kathode freisetzt?

b) Wie gross ist der Strom an der Anode, wenn pro Sekunde 2'000 Photonen auf die Photokathode treffen?

c) Welche Energie (in eV und in Joule) haben die Elektronen beim Auftreffen auf die Anode maximal, wenn die Spannung über die 12 Dynoden 1.5 kV beträgt?

Das *elektrische Potential* ist die Spannung gegenüber einem Bezugspunkt Z:

$$\varphi_A = U_{AZ} \qquad [\varphi_A] = V$$

Der Bezugspunkt hat das Potential $\varphi_Z = \mathrm{.O...V.}$,

er wird als Masse bezeichnet und ist meist direkt

mit der Erde verbunden (Erdung).

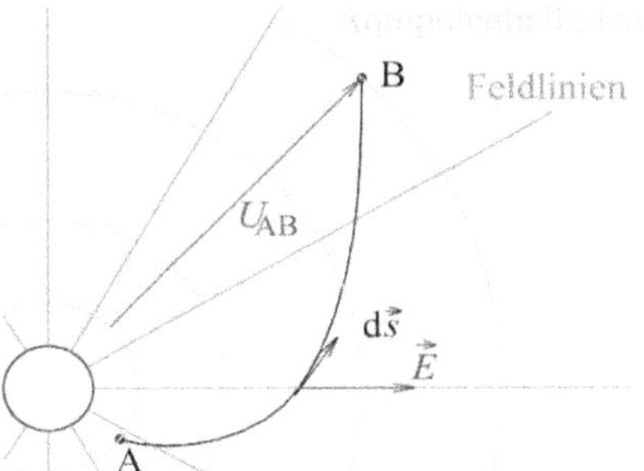

Die *Spannung U_{AB}* zwischen zwei Punkten A und B

im elektrischen Feld beträgt

$$U_{AB} = \varphi_B - \varphi_A$$

Als Erdung bezeichnet man die Verbindung einer Schaltung mit der Erde mit
dem Potential $\varphi = 0$. In der Elektrotechnik wird das Prinzip der Erdung
genutzt, um unerwünscht auftretende Ströme abzuleiten Diese können aus
Kurzschlüssen in elektrischen Anlagen oder statischer Aufladung stammen.
Menschen und andere Lebewesen sind gefährdet, wenn sie zwei elektrisch
leitfähige Objekte berühren, zwischen denen eine hohe elektrische
Spannung besteht. Es werden deshalb alle nicht betriebsmässig unter
Spannung stehenden leitfähigen Teile elektrischer Verbraucher
(z.B. Gehäuseteile) mit dem Erdpotential verbunden.

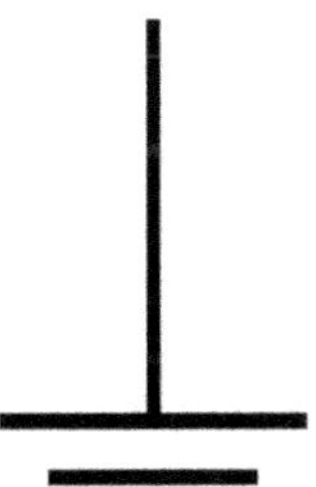

Das elektrische Feld kann auch durch *Äquipotentiallinien* veranschaulicht werden. Eine Äqui-

potentiallinien ist eine Menge Punkte mit ..gleichem...... Potential. Sie verläuft

stets ..senkrecht... zu den Feldlinien.

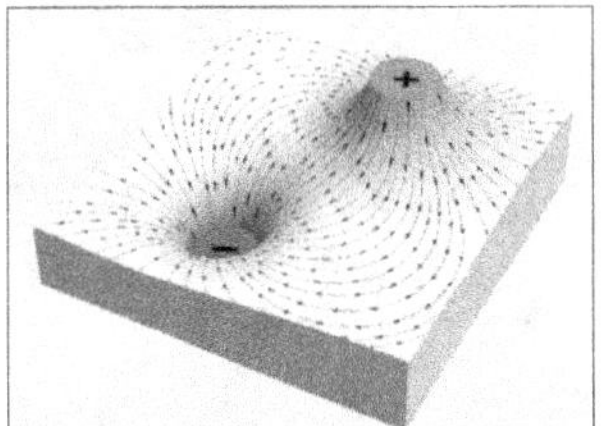
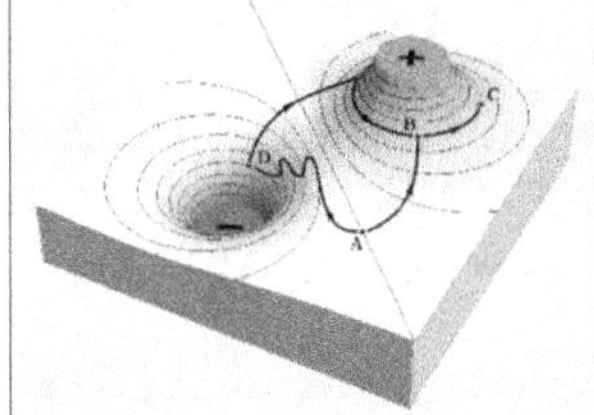
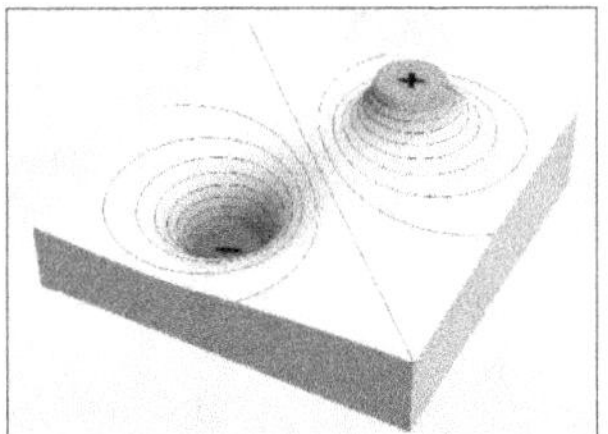

Aufgabe 12: Der elektrische Feldfluss kann sowohl in $^N/_C$ als auch in $^V/_m$ angegeben werden.
Während $^N/_C$ die Kraft pro Ladungseinheit beschreibt, gibt $^V/_m$ die Potentialdifferenz pro
Längeneinheit an. Zeige, dass diese beiden Einheiten identisch sind.

Aufgabe 13: Skizziere zu diesen Feldlinienbilder die Äquipotentiallinienbilder.

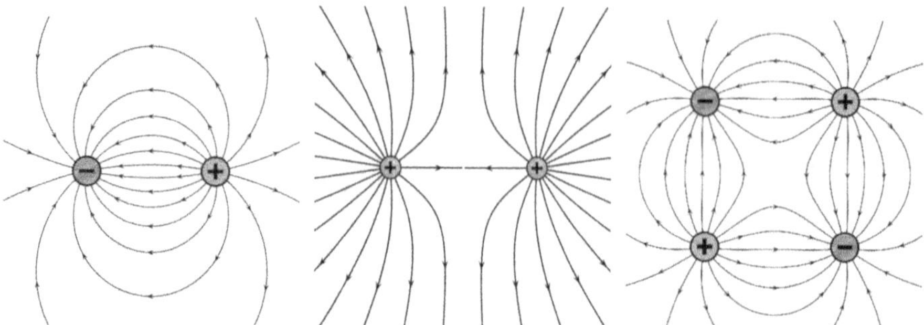

Aufgabe 14: Im Labor stehen vier Anschlüsse zur Verfügung. Welches elektrische Potenzial liegt an diesen Anschlüssen an? Welche Spannungen können an Anschlüssen abgegriffen werden?

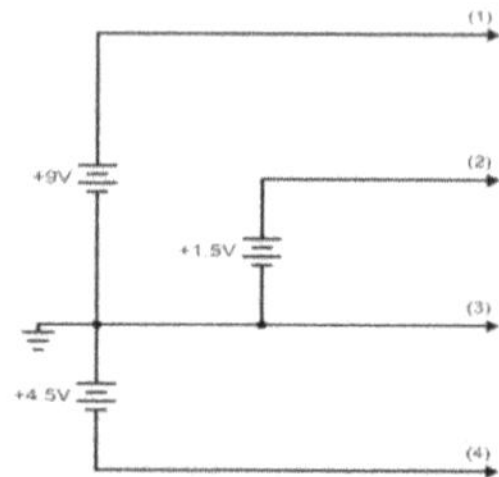

Aufgabe 15: Kurz vor einem Gewitter herrscht eine elektrische Flussdichte von $5.0 \cdot 10^5$ V/m zwischen dem Erdboden und den Wolken in 1.2 km Höhe.

   a) Wie gross ist die Spannung zwischen den Wolken und der Erdoberfläche?

   b) Wie verhalten sich im Vergleich zu den obigen Werten die Spannung und die Flussdichte zwischen den Wolken und der Spitze eines Blitzableiters?

   c) Wie gross ist die Spannung zwischen den Füssen und dem Kopf einer Person (1.8 m)? Wie gross ist die Spannung zwischen zwei 1.5 m übereinander fliegenden Vögel.

Aufgabe 16: Bei einem Gewitter liegt zwischen der Wolkenuntergrenze und der Erdoberfläche eine Potentialdifferenz von 250 MV vor. Angenommen, das elektrische Feld ist homogen. Wie gross ist der Abstand zwischen den Äquipotentialflächen, die eine Potentialdifferenz von 1.0 kV aufweisen, wenn sich die Wolkenuntergrenze 1.0 km über dem Erdboden befindet?

Aufgabe 17: Ein Blitz hat in einen Baum eingeschlagen. Das elektrische Potential auf der Erdoberfläche nimmt mit zunehmendem Abstand vom Baum ab. Für das Potential als Funktion des Abstands r vom Baum gilt: $\varphi = {}^k/_r$ mit k = 360 kVm. Warum wird eine Kuh in einer Entfernung von 40 m getötet, während der daneben stehende Bauer unversehrt bleibt? Schätze dazu die Spannung zwischen den Beinen bei der Kuh und beim Bauern ab.

2. Das magnetische Feld

Lorentzkraft F_B (magnetischer Anteil)

Das magnetische Feld ist ein physikalisches Feld, das auf ....*bewegte*....Ladungen wirkt.

Das magnetische Feld ist ein ...*Vektorfeld*.... – es ordnet jedem Punkt im Raum den

Vektor der magnetischen (Feld-)flussdichte[3] $\vec{B}$ zu.

Ein magnetisches Feld $\vec{B}$ bewirkt auf eine Ladung q, die sich

mit der Geschwindigkeit $\vec{v}$ bewegt, eine Kraft: $\vec{F}_B = q \cdot (\vec{v} \times \vec{B})$

(magnetischer Anteil Lorentzkraft F_B)[4].

Die Einheit der magnetischen Flussdichte ist

$$[\vec{B}] = \frac{N \cdot s}{C \cdot m} = Tesla = T$$

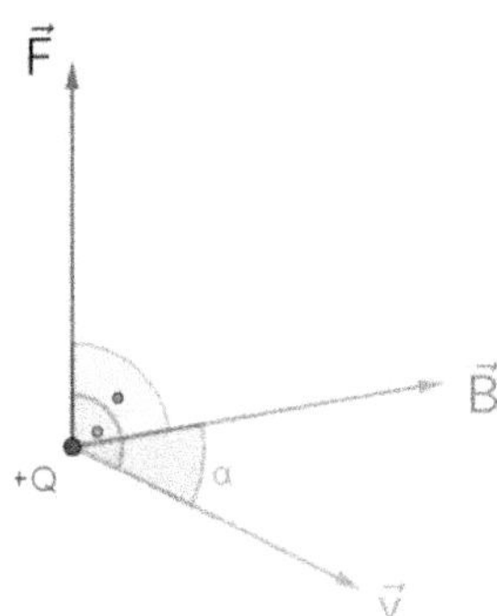

Das statische magnetische Feld

Die Eigenschaften des statischen magnetischen Feldes sind durch die Maxwell-Gleichungen gegeben und werden hier etwas vereinfacht zusammengefasst:

Ein *Strom* erzeugt ein ...*Magnet*.... feld. Die Flussdichte eines Stromelements

im Abstand r beträgt $d\vec{B} = \frac{\mu_0 \cdot I}{4 \cdot \pi} \cdot \frac{d\vec{\ell} \times \vec{r}}{r^3}$ (Biot-Savart-Gesetz).

Das Magnetfeld ist *quellen- und senkenfrei*, d.h. es gibt keine magnetischen ...*Monopole*

Wobei der Wert der *magnetischen Feldkonstanten* $\mu_0 = 1.256637 \cdot 10^{-6}$ $N \cdot A^{-2}$ beträgt.

---

[3] Die magnetische Flussdichte wird oft kurz, aber ungenau magnetische Feldstärke genannt. Manchmal – unverständlicherweise – wird sie auch als magnetische Induktion bezeichnet.

[4] Oft (jedoch veraltet) kurz als Lorentzkraft bezeichnet.

Spezielle Felder

Unendlich langer, geradliniger Leiter

Die magnetische Flussdichte B eines unendlich langen, geradlinigen

Stromes I im Anstand r vom Leiter ist $B = \dfrac{\mu_0}{2 \cdot \pi} \cdot \dfrac{I}{r}$.

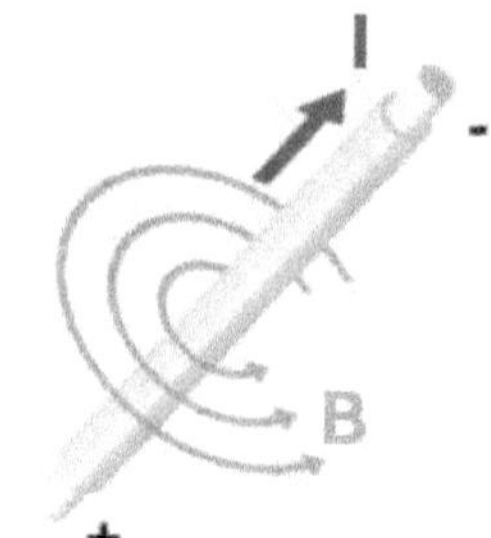

Die Feldvektoren sind rechtsdrehend um die Stromrichtung angeordnet,
d.h. in Richtung der ...Finger.. der rechten Hand (Rechte-Faust-Regel).

Der Kreisstrom

Das Magnetfeld eines Kreisstromes entspricht dem Magnetfeld

eines ...Dipols...... . Die Flussdichte im Zentrum des

Kreisstroms beträgt $B = \dfrac{\mu_0 \cdot I}{2 \cdot r}$.

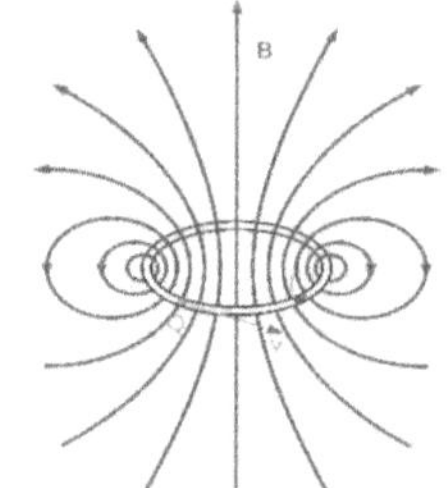

Die Zylinderspule

Die Flussdichte des Magnetfelds im *Inneren einer Spule* mit der Länge ℓ
und dem Durchmesser d nimmt mit der Anzahl Windungen N pro
Länge ......ℓ.... . Die Flussdichte beträgt

$$B = \frac{\mu_0 \cdot N \cdot I}{\sqrt{\ell^2 + d^2}} \; .$$

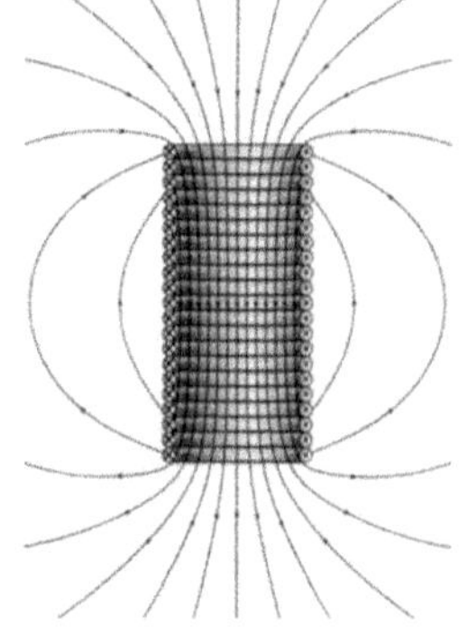

Das Feld im Inneren einer *unendlich langen Spule* ($\ell \gg$ d) ist
.homogen.. und die Flussdichte beträgt näherungsweise

$$B \approx \frac{\mu_0 \, N \, I}{\ell} \; .$$

Das *Aussenfeld* der Spule gleicht dem Feld eines ...Dipols.... .

Helmholtz-Spule

Eine Helmholtz-Spule ist eine Anordnung von zwei identischen Spulen mit
Radius R. Diese Spulen werden parallel zueinander positioniert, wobei der
Abstand zwischen ihnen ebenfalls R beträgt. Beide Spulen werden in
gleicher Richtung von einem Strom durchflossen. Die Magnetfelder
überlagern sich zu einem nahezu homogenen Magnetfeld zwischen den
Spulen, das für Experimente frei zugänglich ist. Die Flussdichte im Inneren
der Spulen beträgt (N: Anzahl Windungen pro Spule):

$$B \approx 0.716 \frac{\mu_0 \cdot N \cdot I}{R}$$

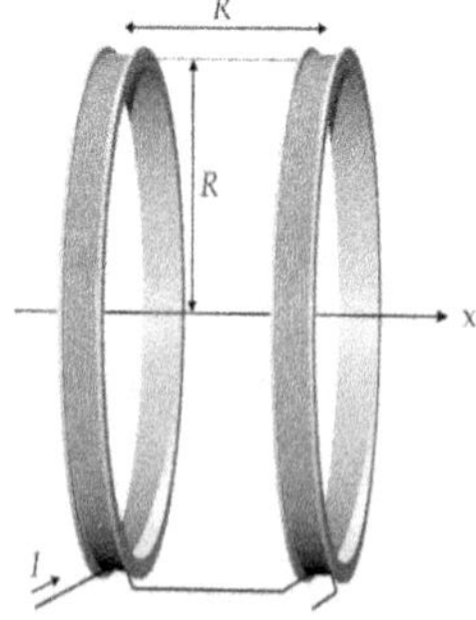

Aufgabe 18: Eine Bahn wird mit Gleichstrom (1'200 V) betrieben und hat eine Nennleistung von 800 kW. Kann man mit einem Kompass in einer Entfernung von 3.50 m von der Fahrleitung feststellen, ob die Bahn fährt? Berechne das von der Fahrleitung erzeugte Magnetfeld und vergleiche dieses mit der Flussdichte des Erdmagnetfelds ($B_{Erde} = 2.1 \cdot 10^{-5}$ T).

Aufgabe 19: Auf einem Schiff wird ein Kühlschrank mit einer Gleichstrombatterie betrieben. Man könnte vermuten, dass eine Kompassnadel in der Nähe des stromführenden Kabels des Kühlschranks ausschlägt, da der fliessende Strom ein Magnetfeld erzeugt. Dennoch bleibt die Kompassnadel unbewegt. Erkläre diesen scheinbaren Widerspruch.

Aufgabe 20: Du möchtest eine schlanke Spule (Solenoid) herstellen, die in der Mitte eine magnetische Flussdichte von $2.40 \cdot 10^{-2}$ T erzeugt. Als Stromquelle steht Dir ein Netzgerät mit einer maximalen Stromstärke von 10.0 A zur Verfügung. Berechne, wie viele Windungen pro Zentimeter die Spule mindestens haben muss.

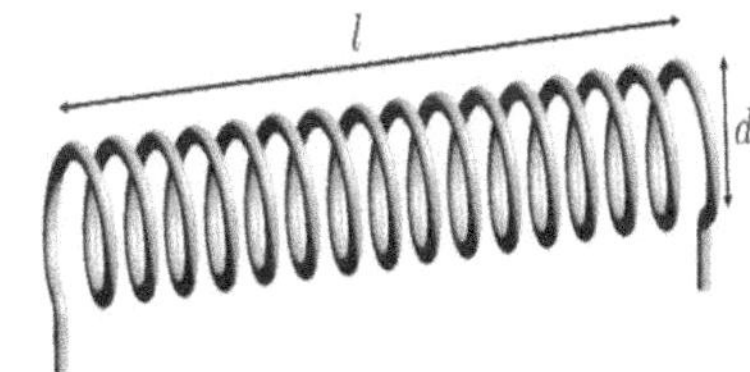

Aufgabe 21: Schlanke Zylinderspulen erzeugen in ihrem Inneren ein nahezu homogenes Magnetfeld. Wenn man eine lange Zylinderspule zu einem Ring biegt, sodass Anfang und Ende der Spule verbunden werden, entsteht eine Ringspule (Toroid).

a) Wie verlaufen die Magnetfeldlinien in einer Ringspule?

b) Die mittlere Feldlinie hat eine Länge von 80 cm. Berechne die mittlere magnetische Flussdichte, wenn die Spule 2'000 Windungen hat und von einem Strom von 0.40 A durchflossen wird.

Teilchen im magnetischen Feld

Freie Teilchen im magnetischen Feld

Die magnetische Flussdichte $\vec{B}$ bewirkt auf eine Ladung q, die sich mit der Geschwindigkeit $\vec{v}$ bewegt, eine Kraft: $\vec{F}_B = q \cdot (\vec{v} \times \vec{B})$. Aus der Bewegungsgleichung $m \cdot \vec{a} = q \cdot (\vec{v} \times \vec{B})$ folgt:

Ist $\vec{v} \parallel \vec{B}$, so ist der magnetische Anteil der Lorentzkraft F_B = ..0.. und die Beschleunigung ist ..0.. Das Teilchen bewegt sich also mit ..konstanter.. Geschwindigkeit oder es ..ruht...

Ist $\vec{v} \perp \vec{B}$, so ist der magnetische Anteil der Lorentzkraft F_B = ..$q \cdot v \cdot B$.. Die Kraft steht ..senkrecht.. auf der Geschwindigkeit und das Teilchen beschreibt eine ..Kreisbahn.. mit $F_B = F_{ZP}$. Der Betrag der Geschwindigkeit ist ..konstant...

Im Allgemeinen beschreibt das Teilchen eine ..schraubenförmige.. Bahn um die Feldlinien des Magnetfeldes.

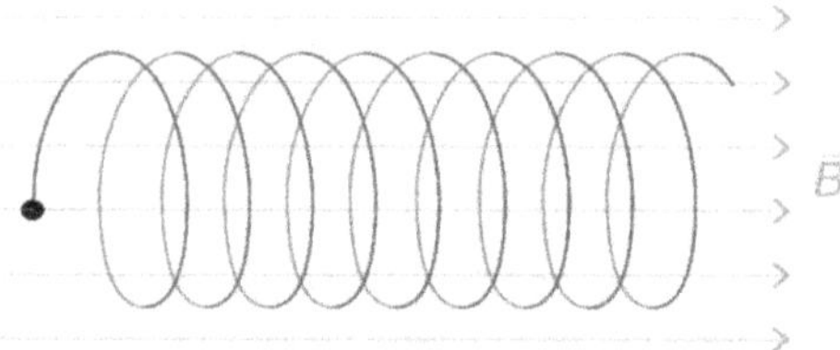

Polarlicht

Das Polarlicht (wissenschaftlich Aurora borealis bzw. Aurora australis) ist eine Leuchterscheinung durch angeregte Stickstoff- und Sauerstoffatome der oberen Atmosphäre. Polarlichter sind in der Nähe der Magnetpole zu sehen. Hervorgerufen werden sie durch energiereiche, geladene Teilchen (Sonnenwind), die mit dem Erdmagnetfeld wechselwirken. Dadurch, dass jene Teilchen in den Polarregionen auf die Erdatmosphäre treffen, entsteht das Leuchten am Himmel. Polarlichter treten hauptsächlich in den Polarregionen auf, denn die Sonnenwindteilchen werden vom Magnetfeld der Erde zu den magnetischen Polen gelenkt. Dabei schrauben sich die geladenen Teilchen entlang den Magnetfeldlinien auf die Pole zu.

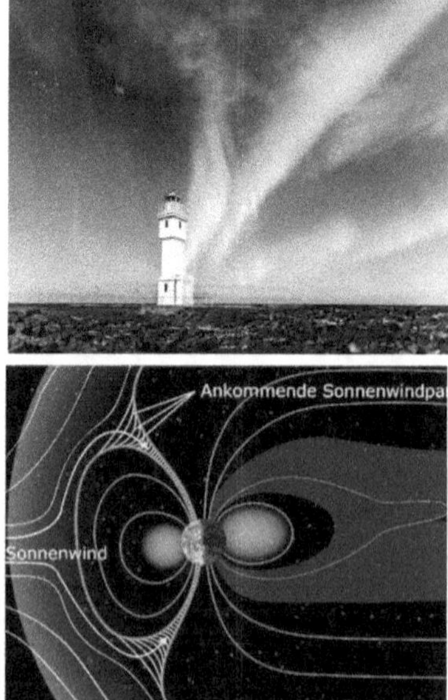

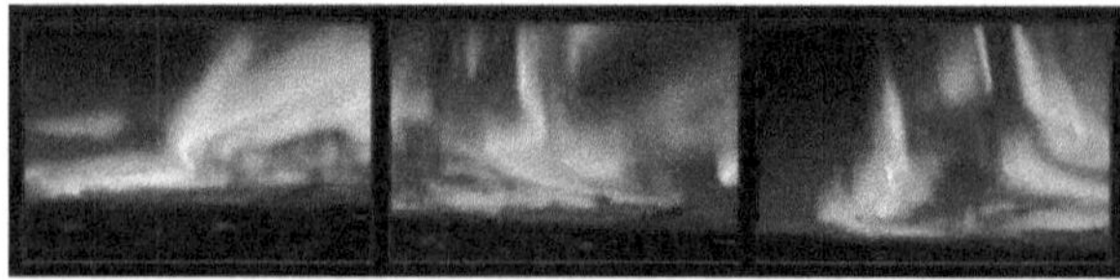

Das Fadenstrahlrohr

Mit einem Fadenstrahlrohr lässt sich das Verhältnis von Elementarladung zur Elektronenmasse e/m experimentell ermitteln. Da wir die Elementarladung bereits mit dem Millikan-Experiment bestimmt haben, kann daraus die Masse des Elektrons berechnet werden.

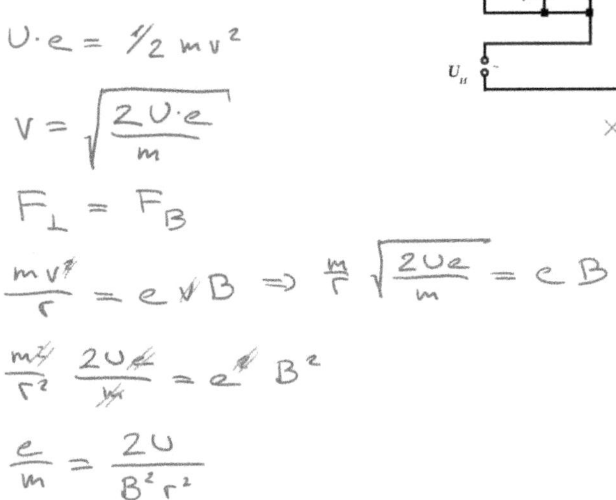

$$U \cdot e = \tfrac{1}{2} m v^2$$

$$v = \sqrt{\frac{2 U \cdot e}{m}}$$

$$F_\perp = F_B$$

$$\frac{m v^2}{r} = e v B \;\Rightarrow\; \frac{m}{r}\sqrt{\frac{2 U e}{m}} = e B$$

$$\frac{m^2}{r^2}\,\frac{2 U e}{m} = e^2 B^2$$

$$\frac{e}{m} = \frac{2 U}{B^2 r^2}$$

Geschwindigkeitsfilter nach Wien

Ein Wienfilter dient hauptsächlich dazu, aus einem Teilchenstrahl nur diejenigen Teilchen passieren zu lassen, die eine bestimmte Geschwindigkeit besitzen, so dass alle übrigen den Filter nicht passieren können. Der resultierende Teilchenstrom besitzt eine genau definierte Geschwindigkeit. Ein Geschwindigkeitsfilter kann auch dazu benutzt werden, die Geschwindigkeit unbekannter, geladener Teilchen zu bestimmen.

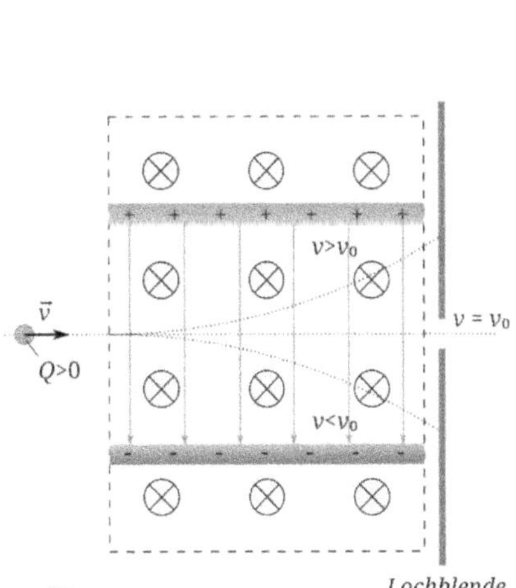

$$F_E = F_B$$

$$q \cdot E = q \cdot v \cdot B$$

$$v = \frac{E}{B} \qquad \text{Die Geschwindigkeit } v \text{ ist unabhängig von } q.$$

Massenspektrometrie

Die Massenspektrometrie ist ein Verfahren zum
Messen der Masse von Atomen oder Molekülen.
Die zu untersuchende Substanz wird in die
Gasphase überführt und ionisiert. Die Ionen
werden durch ein elektrisches Feld beschleunigt,
nach ihrer Geschwindigkeit gefiltert und dem
Analysator zugeführt, der sie nach dem Masse-
zu-Ladung-Verhältnis m/q „sortiert".

Die Teilchen haben
die Geschwindigkeit v.

$$F_\perp = F_B$$

$$\frac{m v^2}{r} = q \cdot v \cdot B$$

$$m = \frac{q \cdot B}{v} \cdot r$$

Die Masse ist also proportional
zum Bahnradius r.

Zyklotron

Ein Zyklotron ist ein Kreisbeschleuniger. Ein Magnetfeld lenkt
die zu beschleunigenden Teilchen (hauptsächlich Ionen) in
eine spiralähnliche Bahn, auf der die Beschleunigungsstrecke
immer wieder durchlaufen wird; beschleunigt werden sie
durch ein elektrisches Feld. Die Teilchen werde auf Energien
von etwa 10 bis 500 MeV beschleunigt.

$$F_\perp = F_B \qquad \frac{m v^2}{r} = q \, v \, B$$

$$\frac{v}{r} = \frac{q B}{m}$$

$$T = \frac{2\pi r}{v} \qquad f = \frac{1}{T} = \frac{v}{2\pi r} = \frac{1}{2\pi} \frac{q B}{m}$$

$$f = \frac{q B}{2\pi m}$$

Die Zyklotronfrequenz f
ist unabhängig von v.

Fernsehröhre

Die Strahlerzeugung in Fernsehbildröhren ähnelt
der in Braun'schen Röhren. Jedoch wird der
Elektronenstrahl nicht durch geladene Metall-
platten abgelenkt, sondern durch zwei gekreuzte
Spulenpaare, die sich ausserhalb der evakuierten
Glasröhre befinden. Diese Spulen bieten im
Vergleich zu Ablenkplatten den Vorteil, dass der
Elektronenstrahl auch in den Randbereichen des
Bildschirms präziser gesteuert werden kann
(verbesserte Randschärfe) und ein grösserer
Ablenkwinkel möglich ist, was eine kompaktere
Bauweise der gesamten Röhre erlaubt.

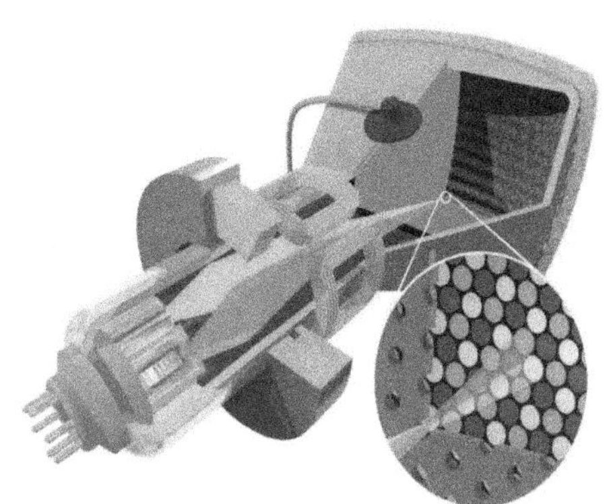

Elektronenmikroskopie

Ein Elektronenmikroskop ist ein Gerät, das die Struktur
eines Objekts mithilfe von Elektronenstrahlen sichtbar
macht. Da die Materiewellen von schnellen Elektronen
eine wesentlich kürzere Wellenlänge als sichtbares Licht
besitzen und die Auflösung eines Mikroskops von der
Wellenlänge abhängt, ermöglicht ein Elektronenmikroskop eine erheblich höhere Auflösung (etwa
0.1 nm) im Vergleich zu einem Lichtmikroskop (etwa
200 nm). Zudem bietet das Elektronenmikroskop eine
deutlich verbesserte Tiefenschärfe. In einem
Elektronenmikroskop wird der Elektronenstrahl mit
Magnetfeldern gebündelt (magnetische Linsen).

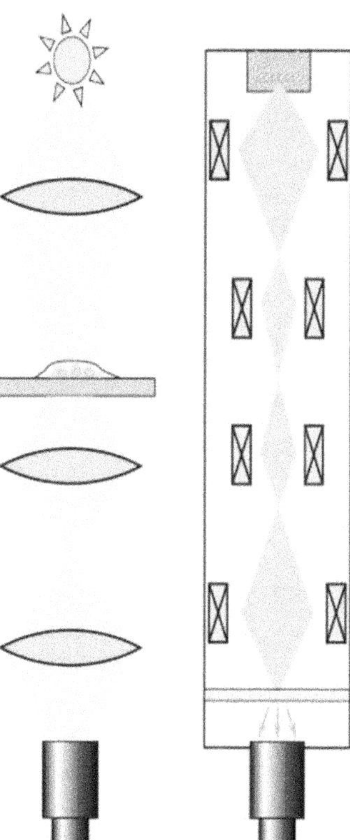

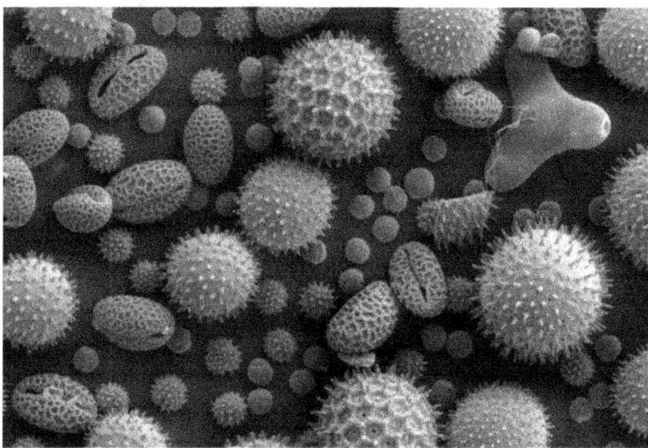

Aufgabe 22: In einer Fernsehröhre erzeugt das vertikale
Spulenpaar (mit einem vertikalen Magnetfeld)
a) die vertikale Ablenkung,
b) die horizontale Ablenkung oder
c) eine zusätzliche Beschleunigung
des Elektronenstrahls.

Aufgabe 23: In einem Fadenstrahlrohr werden Elek-
tronen mit einer Elektronenkanone mit einer
Spannung von 210 V beschleunigt. Der gebündelte
Elektronenstrahl wird durch ein senkrecht zur
Bewegungsrichtung angelegtes Magnetfeld auf eine
Kreisbahn mit einem Radius von 4.0 cm abgelenkt.
a) Welche Geschwindigkeit haben die Elektronen?
b) Wie gross ist die magnetische Flussdichte?

Aufgabe 24: In einem Fadenstrahlrohr werden
Elektronen durch eine Spannung von 300 V
beschleunigt und treten anschliessend senkrecht in
ein homogenes Magnetfeld mit einer Flussdichte
von 0.97 mT ein. Innerhalb dieses Magnetfeldes
bewegen sich die Elektronen auf einer Kreisbahn
mit einem Radius von 6.0 cm. Berechne das
Verhältnis e/m_e.

Aufgabe 25: Radioaktive Stoffe können geladene Parti-
kel aussenden. Diese Teilchen können als Spuren in
einer Nebelkammer sichtbar gemacht werden. Zur
Bestimmung der Geschwindigkeit der Teilchen kann
ein homogenes Magnetfeld in der Nebelkammer
erzeugt werden. Falls die Teilchen senkrecht in das
Magnetfeld eintauchen, so bewegen sie sich auf
Kreisbahnen und der Radius der Bahn hängt von
der Geschwindigkeit des Teilchens ab. Ein
α-Teilchen (Helium-Kern) bewegt sich in einem
Magnetfeld mit der Flussdichte 0.85 T auf einer
Kreisbahn mit dem Radius 12 cm. Welche
Geschwindigkeit hat das Teilchen?

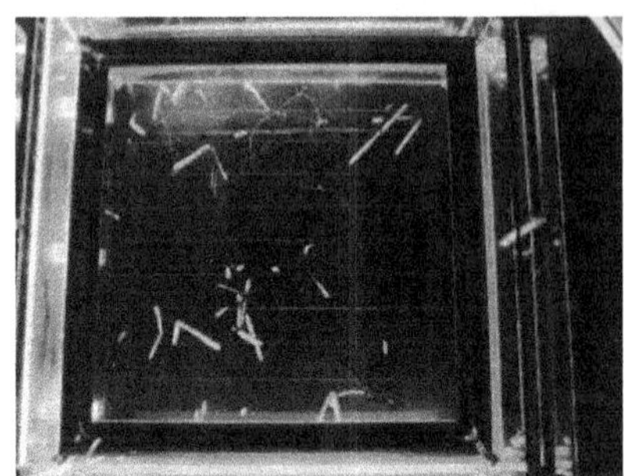

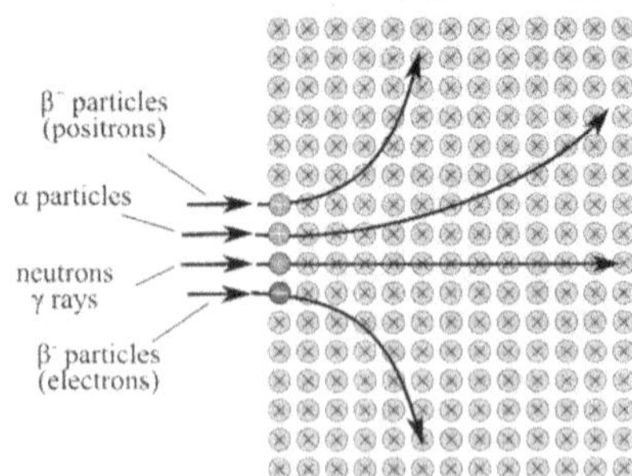

Aufgabe 26: Zur Bestrahlung von Krebs werden Protonen mit einem Zyklotron beschleunigt. In diesem Beschleuniger werden Protonen mehrfach durch ein elektrisches Feld beschleunigt, während ein Magnetfeld die Protonen auf einer halbkreisförmigen Bahn mit wachsendem Radius hält.

a) Zeige, dass der Radius der Kreisbahn proportional zur Geschwindigkeit der Protonen ist.

b) Zeige, dass die Umlaufzeit der Protonen unabhängig vom Radius der Bahn, der Geschwindigkeit und der Energie der Protonen bleibt.

Aufgabe 27: In einem Zyklotron werden Protonen auf einem Kreis mit einem Durchmesser von 4.5 m bis zu einer Energie von 20 MeV beschleunigt.

a) Welche Endgeschwindigkeit erreichen die Protonen?

b) Welche Flussdichte hat das Magnetfeld?

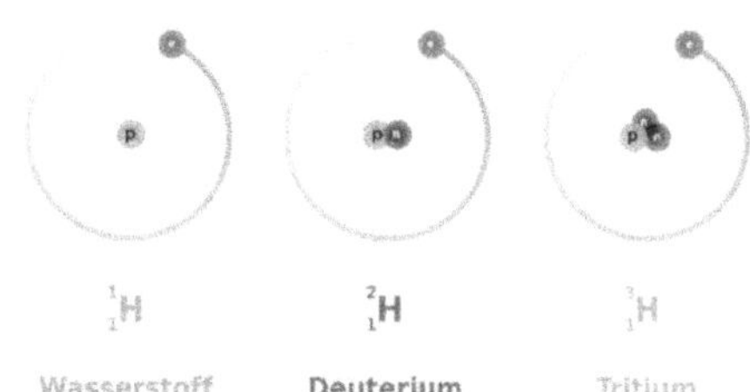

Aufgabe 28: Bei der Kernfusion in der Sonne verschmelzen jeweils vier Protonen (Wasserstoff-Kerne) zu einem α-Teilchen (Heliumkern). In der Fusionsforschung untersucht man auch die Kernfusion von Deuterium und Tritium (schwerer und überschwerer Wasserstoff). Um die drei Wasserstoffisotope zu trennen, wird der Wasserstoff zunächst ionisiert. Dann beschleunigst man die Wasserstoffionen (Protonen, Deuteronen und Tritonen) gemeinsam in einem elektrischen Feld und trennt sie anschliessend in einem Magnetfeld, das senkrecht zur Bewegungsrichtung wirkt.

a) Weshalb ist die kinetische Energie der verschiedenen Teilchen gleich gross?

b) Zeige, dass sich der Radius der Kreisbahn im Magnetfeld nur durch die Masse der Protonen, Deuteronen und Tritonen unterscheidet.

c) In welchem Verhältnis stehen die Radien der drei Kreisbahnen?

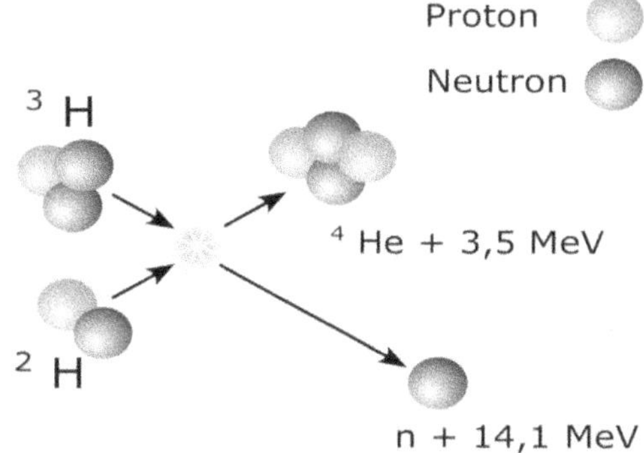

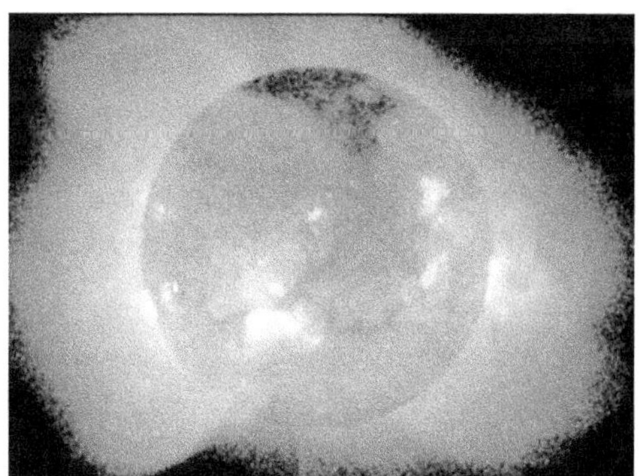

Stromdurchflossene Leiter im magnetischen Feld

Gerader Leiter im Magnetfeld

Herleitung der Kraft auf einen Leiter im Feld

$$\vec{F}_B = q\,(\vec{v} \times \vec{B}) = q\left(\frac{\vec{\ell}}{t} \times \vec{B}\right)$$

$$= \frac{q}{t}\,(\vec{\ell} \times \vec{B}) = I\,(\vec{\ell} \times \vec{B})$$

Messung der Kraft auf einen Leiter im Feld

Auf bewegte Ladungen im Magnetfeld wirkt eine Kraft. Auf eine mit dem Strom I durchflossene Leiter mit der Länge *l* in einem Magnetfeld B wirkt dementsprechend ebenfalls der magnetische Anteil der Lorentzkraft F_B.

Die *Kraft auf einen stromdurchflossenen Leiter*

in einem Magnetfeld ist: $\vec{F}_B = I \cdot (\vec{\ell} \times \vec{B})$

wobei der Strom entlang des Leiters mit Länge $\vec{\ell}$ in Richtung der technischer Stromrichtung zeigt.

Aufgabe 29: Zwei parallele Drähte verlaufen im Abstand von 1 Meter zueinander. Jeder der Drähte wird von einem Strom von 1 Ampere durchflossen.

    a) In welche Richtung wirkt die Kraft, wenn die Ströme in die gleiche Richtung fliessen?

    b) Wie gross ist die Kraft pro Meter Draht?

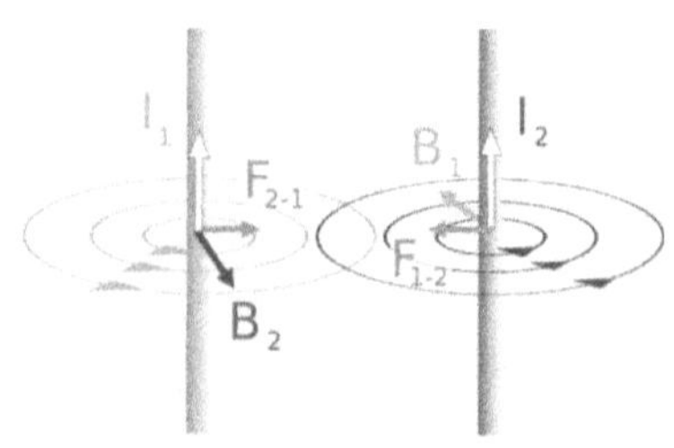

Die von 1948 bis 2019 gültige *Ampere-Definition* lautet: 1 A ist die Stärke des zeitlich konstanten elektrischen Stromes, der im Vakuum zwischen zwei parallelen, unendlich langen, geraden Leitern mit vernachlässigbar kleinem, kreisförmigem Querschnitt und dem Abstand von 1 m zwischen diesen Leitern eine Kraft von $2 \cdot 10^{-7}$ Newton pro Meter Leiterlänge hervorrufen würde.

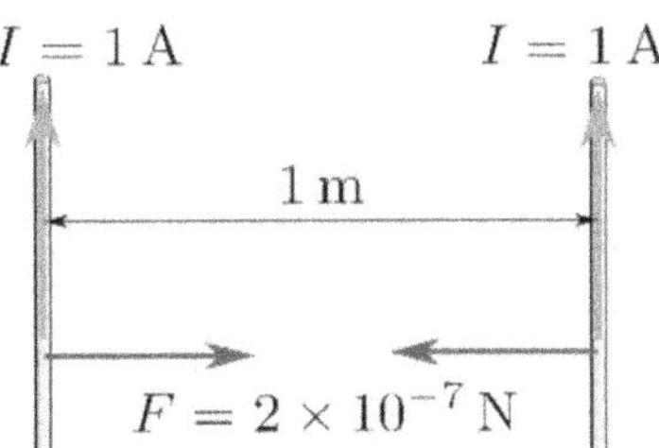

Aufgabe 30: Das Bild zeigt einen Querschnitt durch einen *Lautsprecher*. Die Schwingspule ist fest mit der Membran verbunden und befindet sich im Magnetfeld des Ringmagneten. Die Magnetfeldlinien des Ringmagneten und der Spulendraht stehen überall senkrecht zueinander. Auf den stromdurchflossenen Spulendraht wirkt die Lorentzkraft, die je nach Stromrichtung die Spule nach oben oder unten bewegt. Die Spule besteht aus 300 Windungen eines lackierten Kupferdrahts mit einem Durchmesser von 0.25 mm. Der mittlere Durchmesser einer Windung beträgt 26 mm. Die Flussdichte des Magnetfelds beträgt 20 mT.

a) Bestimme den elektrischen Widerstand des Spulendrahts.

b) Wie gross ist die Stromstärke, wenn eine Spannung von 2.6 V angelegt wird?

c) Welche Kraft wirkt auf die Spule?

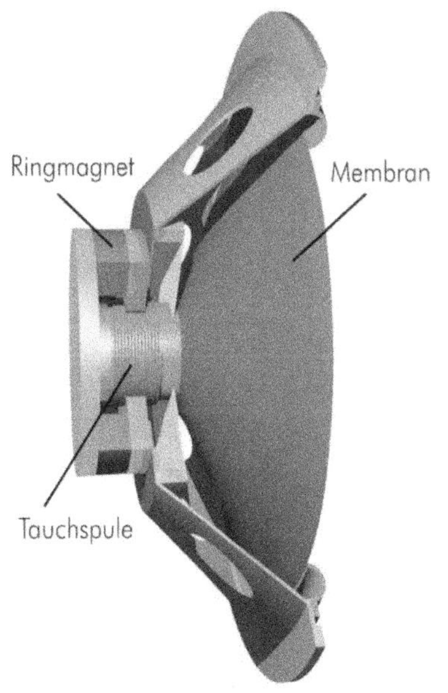

Aufgabe 31: Eine Hochspannungsleitung hängt frei zwischen zwei Masten mit einem Abstand von 120 m. Der maximale Strom, der durch das Kabel fliesst, beträgt 150 A. Das Durchhängen der Leitung wird in dieser Aufgabe vernachlässigt.

a) In welche Himmelsrichtung muss die Hochspannungsleitung verlaufen, damit die Lorentzkraft des Erdmagnetfeldes auf das Kabel maximal bzw. minimal wird?

b) Berechne die maximale Lorentzkraft, die auf die Leitung wirkt, wenn die magnetische Flussdichte des Erdmagnetfeldes $2.1 \cdot 10^{-5}$ T beträgt.

c) Muss die Lorentzkraft bei der Konstruktion der Hochspannungsleitung berücksichtigt werden? Begründe deine Antwort.

Leiterschleife im Magnetfeld

Wir betrachten eine rechteckige Leiterschleife in
einem homogenen Magnetfeld. Die Schleife
besteht aus vier Teilstücken.

Wir betrachten zuerst die Kräfte auf die Teilstücke
quer zur Drehachse:

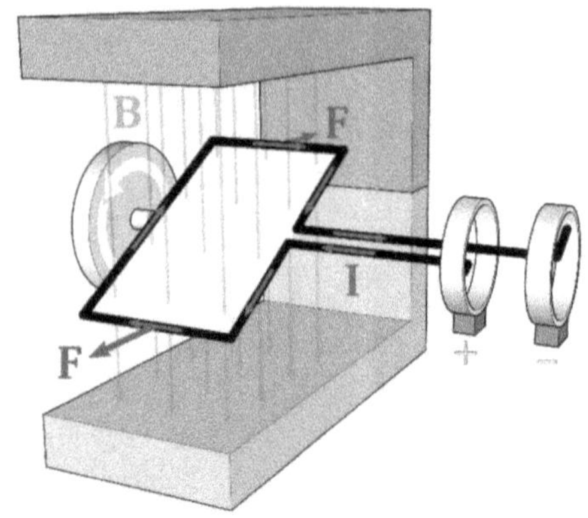

Die Kräfte auf diese
Teilstücke wirken axial
in Richtung der raum-
festen Drehachse und
tragen also nicht zur
Bewegung bei.

Die Kräfte parallel zur Drehachse bewirken
ein Drehmoment auf die Leiterschleife:

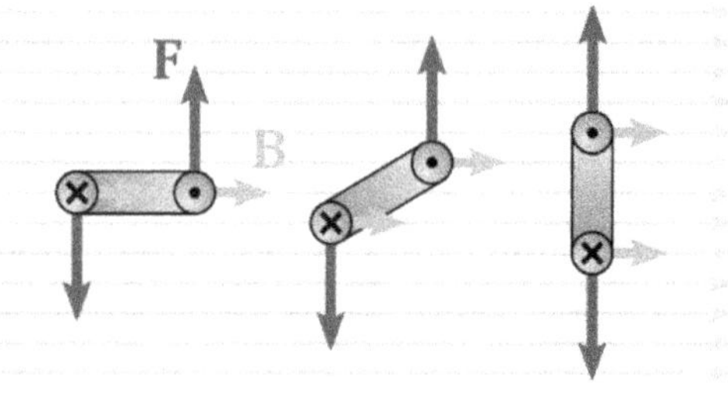

$$F_\ell = I\,\ell\,B \cdot \sin\varphi$$

$$M_\ell = r \cdot F_\ell$$

$$= r\,I\,\ell\,B \cdot \sin\varphi$$

$$M = 2 \cdot M_\ell = 2r\,I\,\ell\,B \cdot \sin\varphi$$

$$= \underbrace{2r\,\ell}_{A}\,I\,B \cdot \sin\varphi$$

$$= A \cdot I \cdot B \cdot \sin\varphi$$

$$= I\,A \cdot B \cdot \sin\varphi$$

$$\vec{M} = I\,(\vec{A} \times \vec{B})$$

Das Drehmoment $\vec{M}$ auf eine mit dem Strom I durchflossene Leiterschleife mit der Fläche $\vec{A}$

in einem homogenen Magnetfeld $\vec{B}$ beträgt: $\quad \vec{M} = I\,(\,\vec{A} \times \vec{B}\,)$

Der Flächenvektor $\vec{A}$ steht mit dem Strom rechtsdrehend senkrecht auf der Schleifenfläche.
Das Drehmoment $\vec{M}$ ist rechtsdrehend parallel zur Drehachse.

Aufgabe 32: Bei einem Drehspulinstrument zur Strommessung befindet sich eine Spule in einem Magnetfeld. Fliesst Strom durch die Spule, entsteht ein Drehmoment, das den Zeiger gegen eine Feder auslenkt. Je grösser der Strom und damit das erzeugte Drehmoment, desto stärker ist die Auslenkung. Die Spule besteht aus 100 Windungen und bildet ein Rechteck mit den Seitenlängen 2.0 cm und 3.0 cm. Die Drehachse geht parallel zur längeren Seite durch den Mittelpunkt der Spule. Das Magnetfeld ist homogen und die Drehachse steht senkrecht zu den Feldlinien. Die Flussdichte des Magnetfelds beträgt 6.0 mT.

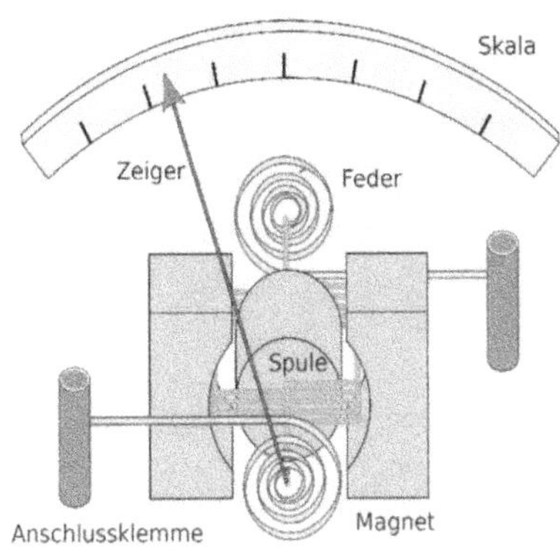

Die Spule wird von einem Strom von 10 mA durchflossen.

a) In welcher Position erfährt die Spule das maximale Drehmoment?

b) Wie gross ist dieses maximale Drehmoment?

c) Wie gross ist das Drehmoment, wenn der Normalenvektor der Spulenebene einen Winkel von 30° zum Magnetfeld bildet?

d) Wie wirken die Kräfte, wenn die Magnetfeldlinien senkrecht durch die Spulenebene verlaufen?

Aufgabe 33: Eine rechteckige Spule mit den Seitenlängen 20 cm und 5 cm und 100 Windungen rotiert in einem Magnetfeld mit einer Flussdichte von B = 0.5 T. Berechne das Drehmoment, das auf die Spule bei den Winkeln α = 0°, 30°, 45°, 60° und 90° wirkt, wenn ein elektrischer Strom von I = 100 mA durch sie fliesst.

Aufgabe 34: Das Bild zeigt die schematische Darstellung der Funktionsweise eines Gleichstrommotors mit Permanentmagneten. Diese Magnete (Stator) erzeugen ein Magnetfeld im Raum zwischen den Polschuhen. In diesem Feld befindet sich eine drehbare Spule – der Rotor. Auf diesen stromdurchflossenen Leiter wirkt eine Kraft, die ein Drehmoment erzeugt. Alternativ kann man das Drehmoment auch durch die Abstossung der Pole der Magnete erklären. Der Rotor wird bei jeder Halbdrehung umgepolt, um die kontinuierliche Drehbewegung aufrechtzuerhalten.

a) Zeichne in allen Figuren die Richtung der Kraft auf die rote und auf die grüne Hälfte des Rotors ein.

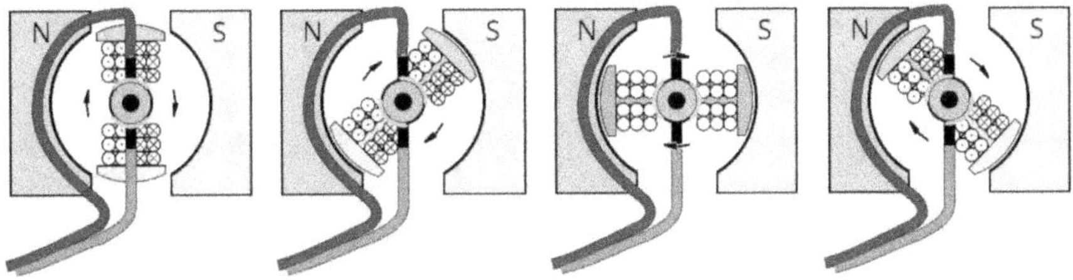

b) Bei welcher Stellung des Rotors in diesen Abbildungen unten wird der Strom umgepolt?

c) Warum muss bei diesem Motortyp die Lücke zwischen den metallischen Halbringen am Kommutator breiter sein als die Bürsten, durch welche der Strom zugeführt wird?

Der Hall-Effekt

Der Hall-Effekt tritt in einem stromdurchflossenen elektrischen Leiter auf, der sich in einem Magnetfeld befindet. Dabei baut sich ein elektrisches Feld auf, das senkrecht zur Stromrichtung und zur Richtung des Magnetfelds steht. Das elektrische Feld wächst so lange an, bis es die Lorentzkraft des Magnetfeldes kompensiert.

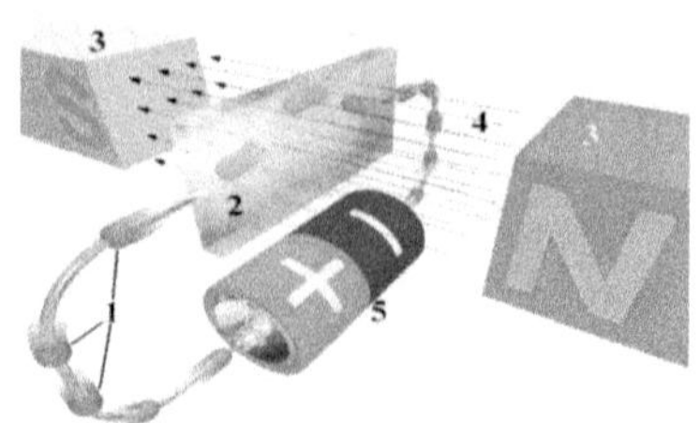

Die *Hall-Spannung* U_H eines Stromes I in einem Magnetfeld B ist $U_H = A_H \cdot \dfrac{I \cdot B}{d}$

wobei d die Dicke der Probe (parallel zu B) und A_H eine Materialkonstanten $A_H = \dfrac{1}{n \cdot q}$ (Hall-Konstante) ist.

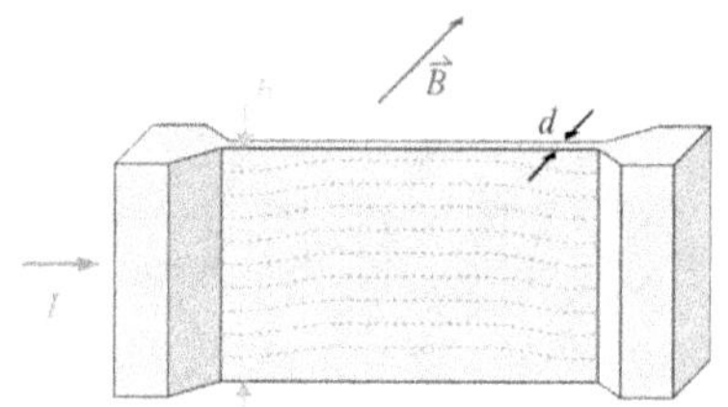

Der Hall-Effekt kann zur präzisen Messung der Stärke von Magnetfeldern benutzt werden, was in modernen Smartphones für Kompass-Apps verwendet wird, und liefert Informationen über die Art, Dichte und Beweglichkeit der Ladungsträger in stromleitenden Materialien.

Herleitung der Hall-Spannung U_H

$$F_E = F_B$$

$$q E = q v \cdot B \qquad \text{mit} \quad E = U/b$$

$$\frac{U_H}{b} = \frac{I}{n \, b \, d \, q} B \qquad \text{und} \quad I = v \cdot n \cdot b \cdot d \cdot q$$

$$U_H = \frac{1}{n \cdot q} \frac{I \cdot B}{d}$$

Aufgabe 35: Mit einer Hallsonde kann die magnetische Flussdichte B am Ort der Sonde bestimmt werden. Halbleiter mit einer sehr geringen Ladungsträgerdichte ($n = 10^{24}\ m^{-3}$) eignen sich besonders gut als Hallsonden. Berechne B für $d = 0.1$ mm, $I = 0.4$ A und $U_H = 2$ mV.

Aufgabe 36: Mithilfe des Hall-Effekts kann die Ladungsträgerdichte in einem Leiter bestimmt werden. In einer Kupferfolie mit einer Dicke von 10 µm und der Breite 2.5 cm beträgt die Stromstärke 10 A. Die magnetische Flussdichte beträgt 0.43 T und die Hallspannung 22 µV.

   a) Wie gross ist die Driftgeschwindigkeit der Ladungsträger im Leiter?

   b) Wie gross ist die Ladungsträgerdichte in Kupfer?

   c) Wie viele Ladungsträger gibt jedes Kupferatom im Durchschnitt an das Leitungsband ab?

Elektromagnetische Induktion

Ein Experiment

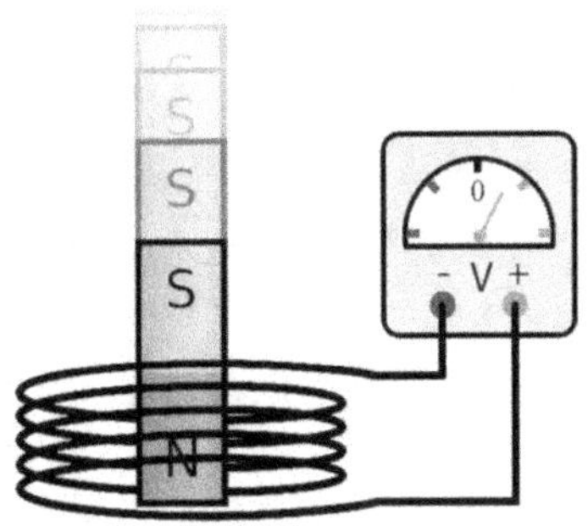

Magnetischer Fluss und das Induktionsgesetz

$$F_B = F_E$$

$$\oint v\,B = -\oint E \quad \text{mit } U = E \cdot d$$

$$v\,B = \frac{ds}{dt}\,B = -\frac{U}{d}$$

$$-\frac{\overbrace{ds \cdot d \cdot B}^{dA\,*}}{dt} = U$$

$$-\frac{\overbrace{dA \cdot B}^{\Phi_m\,*}}{dt} = -\frac{d\Phi_m}{dt} = U \qquad *\ \text{Veralgemeinerung}$$

Für die *induzierte Spannung* in einer Leiterschleife gilt:

$$U_{ind} = -\frac{d\Phi_m}{dt} = -\dot{\Phi}_m \quad \text{, mit dem } \textit{magnetischen}$$

Feldfluss $\Phi_m = \vec{B} \cdot \vec{A} = B \cdot A \sin\alpha$

wobei $[\Phi_m] = T \cdot m^2 = \text{Weber} = Wb$

Das negative Vorzeichen ist notwendig, da sonst ein Perpetuum mobile gebaut werden könnte, d.h. die Energieerhaltung verletzt würde.

Eine Induktionsspannung entsteht immer, wenn sich der Feldfluss zeitlich ändert, d.h. wenn …

sich die magnetische Feldflussdichte B,

der Flächeninhalt A oder

der Winkel α zwischen $\vec{B}$ und $\vec{A}$ ändert.

Die Lenz'sche Regel

Wir ziehen einen Leiter mit dem Widerstand R mit der
Geschwindigkeit v durch ein Magnetfeld B:

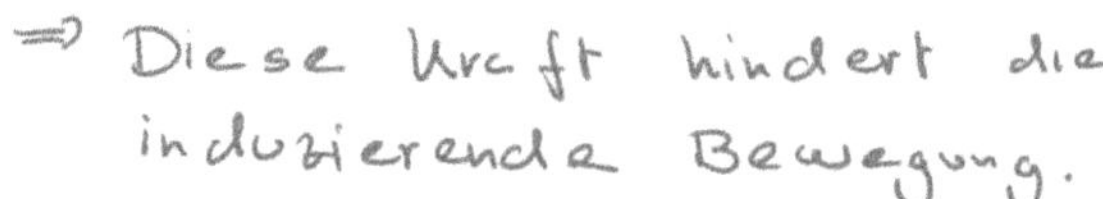

Auf die Elektronen im
Leiter wirkt F_B nach unten.

⇒ Der Strom fliesst also
im Gegenuhrzeigersinn.

⇒ Auf den Leiter wirkt
die Lorentzkraft also
nach links.

⇒ Diese Kraft hindert die
induzierende Bewegung.

⇒ In der Leiterschleife erzeugt der Strom
ein Magnetfeld aus der Zeichenebene
hinaus ⊙. Es wirkt also der Zunahme
von Φ_m entgegen.

Wird durch eine Änderung des magnetischen Flusses durch eine Leiterschleife eine Spannung
induziert, so erzeugt der entstehende Strom ein ...Magnetfeld............... , welches
der Änderung des magnetischen Flusses .entgegen........... wirkt. Auf die Leiterschleife
wirkt eine Kraft (der .magnetische Anteil der Lorentzkraft.....),
welche die Bewegung ....hindert........ .

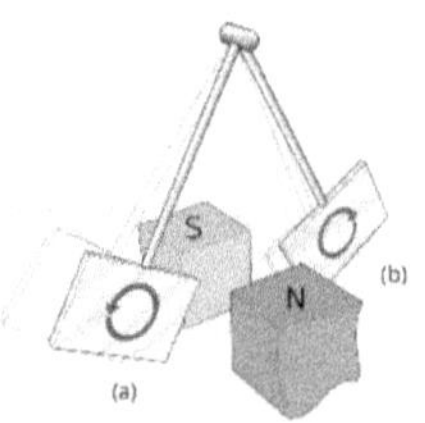

Waltenhofen'sches Pendel

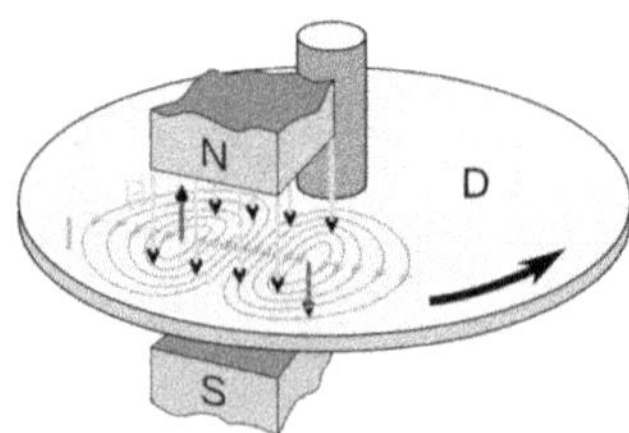

Wirbelstrombremse

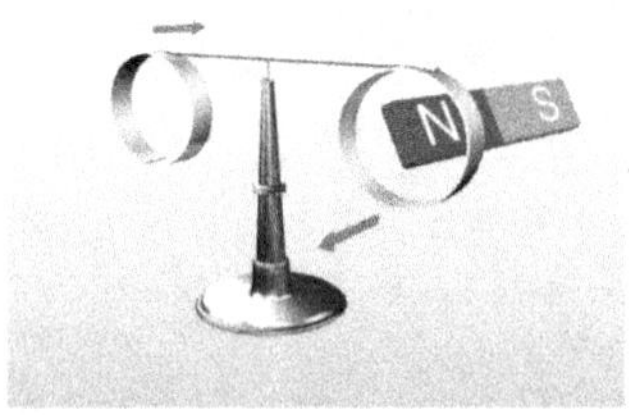

Demonstration der Lenz'schen Regel

Aufgabe 37: Ein medizinischer Magnetresonanztomograph erzeugt ein Magnetfeld mit einer Flussdichte von 1.5 T. Wird ein Patient im Tomographen mit einem Herzschrittmacher oder einer Halskette verschoben, so wird ein elektrischer Leiter in einem Magnetfeld bewegt. Um die erzeugte Spannung abzuschätzen, gehen wir von einem geraden Draht mit 20 cm Länge, der sich mit einer Geschwindigkeit von 1.2 $^m/_s$ bewegt. Und wie gross ist die maximale induzierte Spannung? Diese Spannung kann Herzschrittmacher oder ähnliche Geräte beschädigen.

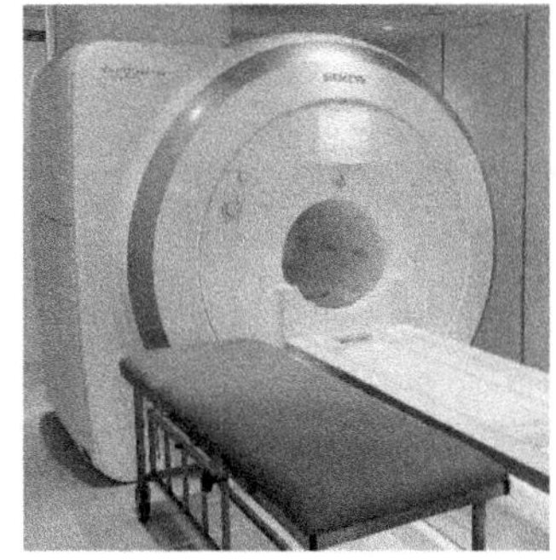

Aufgabe 38: Im Diagramm ist der zeitliche Verlauf des magnetischen Flusses durch eine Leiterschleife für drei Fälle dargestellt. Skizziere den zeitlichen Verlauf der Induktionsspannung qualitativ korrekt.

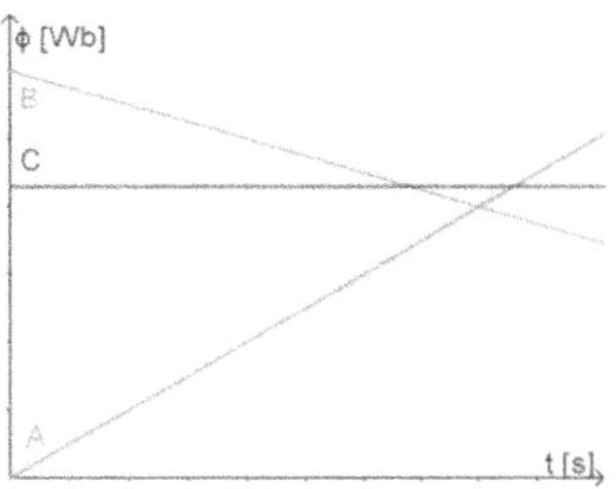

Aufgabe 39: Eine quadratische Leiterschleife bewegt sich von links nach rechts durch ein Magnetfeld. Skizziere den zeitlichen Verlauf des magnetischen Feldflusses und der induzierten Spannung.

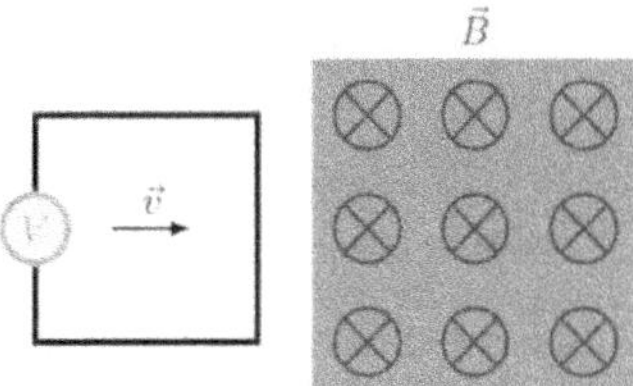

Aufgabe 40: Eine rechteckige Spule mit 6 Windungen wird mit einer konstanten Geschwindigkeit von v = 1.0 m/s durch ein homogenes Magnetfeld der Flussdichte B = 0.50 T bewegt. Das Magnetfeld hat einen quadratischen Querschnitt mit Seitenlänge 2.0 cm. Die Spule besitzt eine Breite von 2.0 cm (quer zur Bewegungsrichtung) und eine Länge von 1.5 cm (in der Bewegungsrichtung). Berechne die Induktionsspannung während des Eintauchens der Spule in das Magnetfeld.

Aufgabe 41: Ein Permanentmagnet wird über eine Spule gehalten und losgelassen. An die Spule ist ein Oszilloskop angeschlossen. Zeichne den zeitlichen Verlauf der induzierten Spannung qualitativ in ein Koordinatensystem.

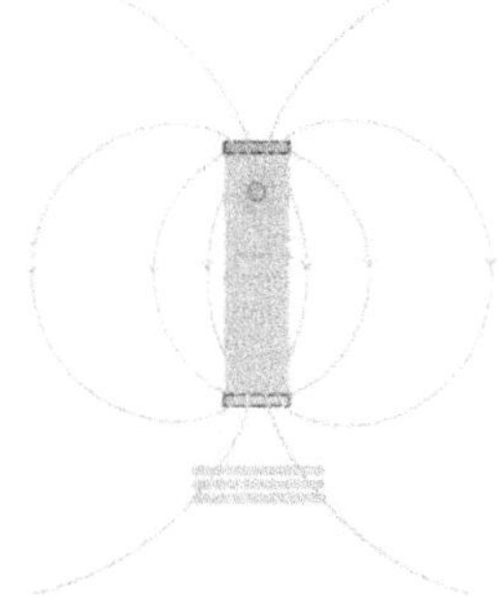

Aufgabe 42: Eine 60 cm lange Spule mit 900 Windungen erzeugt ein magnetisches Feld (Feldspule). Im Feld im Inneren dieser Spule befindet sich eine zweite Spule, in die eine Spannung induziert wird (Induktionsspule). Die Feldspule hat eine Länge 30 cm und ein Durchmesser von 8 cm (50 Windungen, $R = 0.2\ \Omega$). Es wird eine Dreiecksspannung mit einer Periode von 100 ms angelegt. Die quadratische Induktionsspule hat eine Seitenlänge von 4 cm und eine Länge von 10 cm. (N = 300 Windungen).

a) Skizziere den Verlauf der induzierten Spannung.

b) Berechne die induzierte Spannung zur Zeit $t = t_4$.

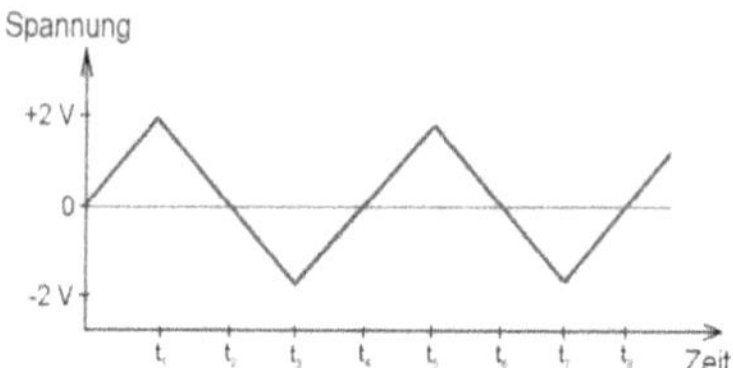

Aufgabe 43: Ein Drahtrahmen aus massivem Kupfer mit einer Seitenlänge von $a = 0.10$ m und einem Drahtquerschnittsfläche von $A = 1 \cdot 10^{-6}\ m^2$ bewegt sich mit konstanter Geschwindigkeit aus einem Magnetfeld mit der Flussdichte $B = 1.5$ T heraus. Die Lorentzkraft ist also im Gleichgewicht mit der Gewichtskraft des Rahmens. Die Dichte von Kupfer beträgt $\rho = 8'920\ kg/m^3$ und der spezifische Widerstand ist $\rho_{el} = 1.59 \cdot 10^{-8}\ \Omega m$. Berechne

a) die Masse und den elektrischen Widerstand des Drahtrahmens,

b) die im Drahtrahmen induzierte Spannung und die zugehörige elektrische Stromstärke (nur Formeln),

c) die auf den Rahmen wirkende Lorentzkraft (nur Formel) und

d) die Fallgeschwindigkeit des Rahmens (Formel und Zahlenwert).

Aufgabe 44: Ein Gleichstrommotor hat einen elektrischen Widerstand von 3.75 Ω. Im Betrieb fliesst bei einer angelegten Spannung von 24.0 V ein Strom von 1.68 A.

a) Wie gross ist die induzierte Gegenspannung und die Spannung am Rotor?

b) Berechne die elektrische Leistung, die mechanische Leistung und die Verlustleistung durch Wärme.

c) Wie hoch ist der Wirkungsgrad des Motors?

d) Warum ist der tatsächliche Wirkungsgrad des Motors geringer als der berechnete?

Der elektrische Generator

Wir untersuchen eine Leiterschleife, die mit einer Winkel-
geschwindigkeit ω in einem homogenen Magnetfeld B
rotiert.

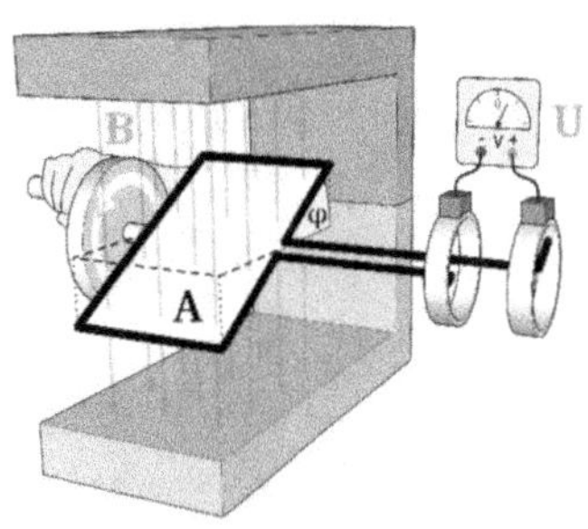

Für den Drehwinkel $\alpha = 90° - \varphi$ gegenüber dem
Magnetfeld gilt:

$$\alpha = \omega \cdot t$$

und somit für den magnetischen Fluss

$$\Phi_m = B \cdot A \cos(\omega t)$$

und damit für die induzierte Spannung

$$U = -\dot{\Phi}_m = B \cdot A \cdot \omega \cdot \sin(\omega t)$$

In eine rotierende Leiterschleife in einem Magnetfeld

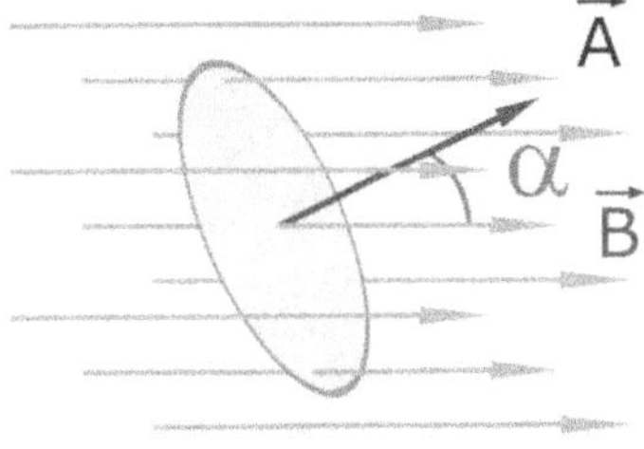

wird eine ..Wechselspannung. induziert:

$$U = .B \cdot A \cdot \omega \cdot \sin(\omega t).$$

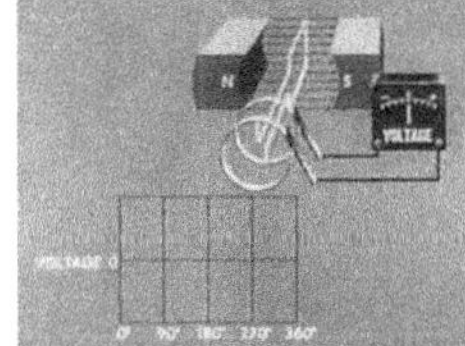
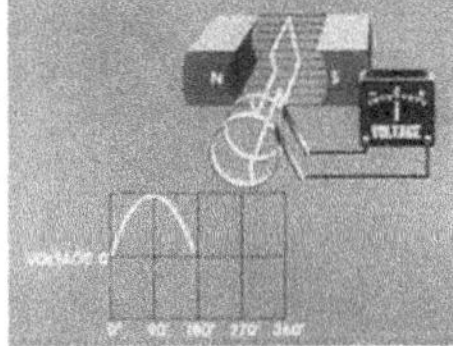
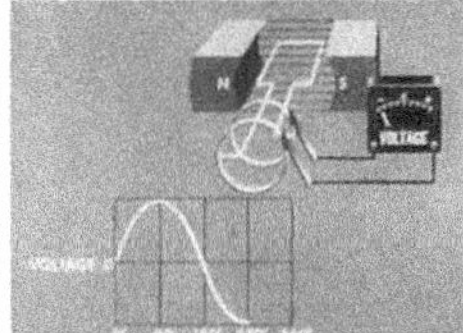
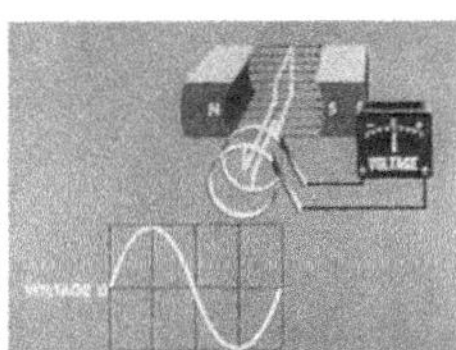

Aufgabe 45: Eine kreisförmige Leiterschleife mit einem Radius von 6.4 cm dreht sich in einem
homogenen Magnetfeld mit einer magnetischen Flussdichte von 2.5 mT. Wie gross ist der
magnetische Fluss für $\alpha = 0°$, $45°$, $60°$, $90°$, $120°$ und $180°$? Hierbei bezeichnet der Winkel α
den Winkel zwischen der Richtung des Flussdichtevektors und dem Lot auf die Ebene der
Schleife.

Aufgabe 46: Ein Generator funktioniert im Prinzip wie ein
„umgekehrter" Elektromotor. Bei ihm wird eine Spule in
einem Magnetfeld rotiert, was eine Spannung induziert.
Die obere Abbildung zeigt einen permanent erregten
Generator, der Permanentmagneten verwendet. Das von
Siemens 1867 entwickelte Prinzip, welches weiter unten
dargestellt ist, beschreibt, wie der induzierte Strom ein
eigenes Magnetfeld erzeugt. Dies führt zu einer positiven
Rückkopplung, die die Effizienz des Generators erheblich
steigert (dynamoelektrisches Prinzip). In dem betrachteten
Generator fliesst durch die felderzeugende Spule (Stator)
mit $N_1 = 1000$ Windungen und einer Länge von $L = 10$
cm ein Strom von $I = 10$ A. Die rotierende Induktionsspule, der Rotor, hat eine Windungszahl von $N_2 = 100$
und eine Fläche von 4 cm². Sie dreht sich mit einer
Frequenz von $f = 100$ Hz. Wie gross ist die Amplitude
der induzierten Wechselspannung?

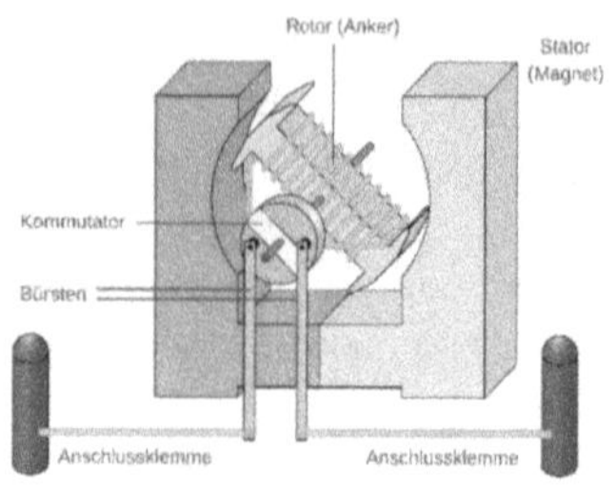

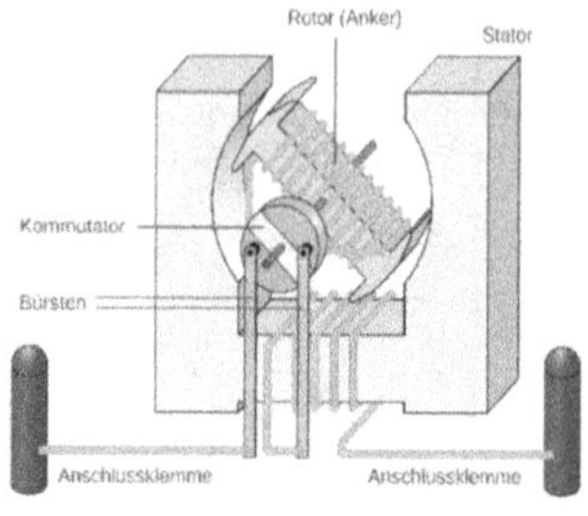

Aufgabe 47: Auf einer Baustelle wird ein benzinbetriebener
Generator eingesetzt. Sobald eine Last angeschlossen
wird (z.B. wenn eine Maschine eingeschaltet wird),
verringert sich die Drehzahl des Generators, und die
Spannung sinkt. Woran liegt das?

Lösungen

1. a) $E = -21.60 \cdot 10^3$ N/C (gegen die x-Achse)
   b) $F = -0.0432$ mN   (gegen die x-Achse)

2. a) $E = 24.2 \cdot 10^3$ N/C
   b) $F = 0.484$ mN

3. a) $x = {}^1\!/_3 \cdot d$
   b) $x = -d$

4. a) $F = 4.31$ mN,
   b) $F_1 = 2.06$ mN, $F_2 = 3.38$ mN, $F_3 = 4.31$ mN

5. a) $a = 9.579 \cdot 10^9$ m/s^2
      Beschleunigung in Richtung des Feldes.
   b) $t = 313.0$ µs
   c) $x = 469.1$ m

6. $v = 4.194 \cdot 10^7$ m/s $= 0.140 \cdot c$

7. $v_y = 8.387 \cdot 10^5$ m/s, $\alpha = 1.15°$

8. a) $Q = 6.39 \cdot 10^{-19}$ C $= 4$ e
   b) Auftrieb und Reibung
   c) Es müssen zwei Messungen durchgeführt
      werden. Zum Beispiel kann der Tröpfchen-
      radius über die Reibung beim Fall ohne
      elektrisches Feld bestimmt werden.

9. a) $v = 1.03 \cdot 10^8$ m/s $= 103'000$ km/s
   b) $v = 325'000$ km/s
      Die Geschwindigkeit ist grösser als die Licht-
      geschwindigkeit. Dies ist nicht möglich. Eine
      relativistische Rechnung wäre notwendig.
   c) $v = 7.6 \cdot 10^6$ m/s

10. $W = 1.602 \cdot 10^{-19}$ J $= 1$ eV $= 1$ Elektronenvolt

11. a) $N = 2.44 \cdot 10^8$
    b) $Q = 3.91 \cdot 10^{-11}$ C, $I = 0.0782$ µA
    c) $W = 1500$ eV $= 2.402 \cdot 10^{-16}$ J

12. $\dfrac{N}{C} = \dfrac{N \cdot m}{C \cdot m} = \dfrac{J}{C \cdot m} = \dfrac{V}{m}$

13. Äquipotentiallinien

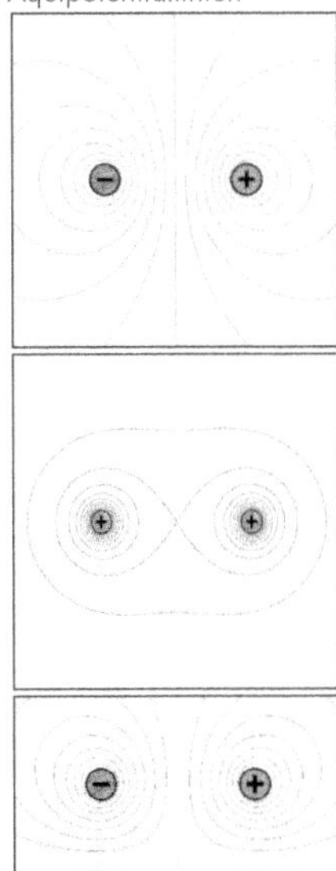

14. a) $\varphi_1 = 9$ V, $\varphi_2 = 1.5$ V
       $\varphi_0 = 0$ V, $\varphi_4 = -4.5$ V
    b) 1.5 V; 4.5 V; 6.0 V; 7.5 V; 9.0 V; 13.5 V

15. a) $U = 600$ MV
    c) Die Spannung zwischen der geerdeten
       Turmspitze und der Wolkenschicht ist gleich
       gross wie zwischen der Wolkenschicht und
       dem Erdboden. Die Flussdichte ist wegen
       des Spitzeneffektes grösser. Bei einer
       Entladung schlägt der Blitz eher im Turm ein.
    d) $U_{Mädchen} = 0$ V (da Kopf und Füsse leitend verbunden)
       $U_{Vögel} = 750$ kV

16. $d = 4$ mm

17. Die Spannung an der Kuh ist wegen des grösseren
    Schrittabstandes viel grösser:
    $d_{Kuh} \approx 1.25$ m $d_{Bauer} \approx 0.25$ m
    $U_{Kuh} \approx 270$ V $U_{Bauer} \approx 56$ V
    (Der Bauer ist ausserdem auch besser isoliert.)

18. $I = 667$ A
    $B = 3.81 \cdot 10^{-5}$ T
    Diese Flussdichte ist etwas grösser als die Fluss-
    dichte des Erdmagnetfelds. Eine Kompassnadel
    schlägt also aus.

19. Das Kabel ist zweiadrig und führt den Strom sowohl
    zum Kühlschrank hin als auch wieder zurück. Da
    sich die beiden Adern so nahe beieinander
    befinden, hebt das Magnetfeld der zurückführenden
    Ader dasjenige der zuleitenden Ader auf.

20. $N/L = 19.1$ cm^{-1}

21. a) Die Feldlinien sind kreisförmig und verlaufen
       im Inneren des Ringes. Der Aussenraum ist fast
       feldfrei, dadurch eignen sich Toroidspulen für
       Anwendungen in der Elektrotechnik und
       der Elektronik.
    b) $B = 1.3$ mT

22. Die horizontale Ablenkung.

23. a) $v = 8.6 \cdot 10^6$ m/s
    b) $B = 1.2$ mT

24. $e/m_e = 1.8 \cdot 10^{11}$ C/kg

25. a) in die Bildebene hinein
    b) $v = 4.9 \cdot 10^6$ m/s

26. a) $F_\perp = F_B \Rightarrow \dfrac{m \cdot v^2}{r} = q \cdot v \cdot B \Rightarrow r = \dfrac{m}{q \cdot B} \cdot v$

    b) $t = \dfrac{s}{v} = \dfrac{2 \cdot \pi \cdot r}{v} = \dfrac{2\pi \cdot \frac{m}{qB} \cdot v}{v} = \dfrac{2 \cdot \pi \cdot m}{q \cdot B}$

27. a) $v = 6.2 \cdot 10^7$ m/s
    b) $B = 0.29$ T

28. a) Es werden alle Teilchen im gleichen Feld
       beschleunigt. Die Arbeit, die am Teilchen
       verrichtet wird, ist $W = Q \cdot U$. Alle diese
       Teilchen haben dieselbe Ladung. Die Arbeit
       ist unabhängig von der Masse des Teilchens.
    b) –
    c) $1 : \sqrt{2} : \sqrt{3}$

29. a) Die Drähte ziehen sich an.
    b) $F = 2 \cdot 10^{-7}$ N

30. a) $R = 8.75\ \Omega$
    b) $I = 0.31\ A$
    c) $F = 0.15\ N$

31. a) Die Lorentzkraft ist maximal, wenn die
       Leitung von Ost nach West bzw. von West
       nach Ost verläuft. Die Lorentzkraft ist null,
       wenn die Leitung von Nord nach Süd bzw.
       von Süd nach Nord verläuft.
    b) $F = 0.38\ N$
    c) Nein, die Lorentzkraft ist viel kleiner als die
       Gewichtskraft der Leitung.

32. a) Wenn die Normale zur Spulenebene
       senkrecht zur Richtung des Magnetfeldes
       steht, tritt das grösste Drehmoment auf.
    b) $M_{0°} = 3.6 \cdot 10^{-6}\ N \cdot m$
    c) $M_{30°} = 1.8 \cdot 10^{-6}\ N \cdot m$
    d) $M_{90°} = 0$
       Es tritt kein Drehmoment mehr auf. Alle vier
       Seiten des Rechtecks erfahren Kräfte zum
       Zentrum des Rechtecks hin.

33. $M(0°) = 0\ mN \cdot m$
    $M(30°) = 25.0\ mN \cdot m$
    $M(45°) = 25.4\ mN \cdot m$
    $M(60°) = 43.3\ mN \cdot m$
    $M(90°) = 50.0\ mN \cdot m$

34. a) Die Kraft auf die rote Hälfte wirkt stets nach
       rechts, während die Kraft auf die grüne
       Hälfte immer nach links zeigt. Dadurch
       entsteht ein Drehmoment, das den Rotor im
       Uhrzeigersinn rotieren lässt.
    b) Wenn der Rotor horizontal liegt (Bild 3), wird
       die Stromrichtung umgekehrt.
    c) Die Lücke zwischen den metallischen
       Halbringen des Kommutators muss grösser
       als die Breite der Bürsten sein. Andernfalls
       kommt es beim Umpolen zu einem Kurz-
       schluss.

35. $B = 0.08\ T$

36. a) $v = 2.0\ mm/s$
    b) $n = 1.2 \cdot 10^{29}\ m^{-3}$
    c) $n = 8.5 \cdot 10^{28}\ m^{-3}$
       $N = 1.44$ pro Kupferatom

37. $U = 0.36\ V$

38. Zeitlicher Verlauf der induzierten Spannung

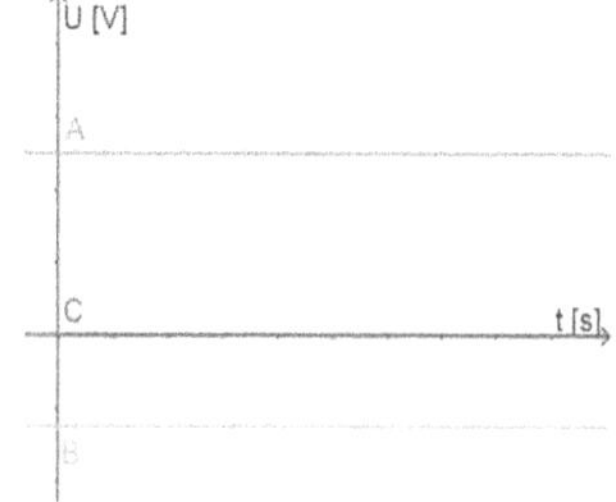

39. Feldfluss und Spannung als Funktion der Zeit:

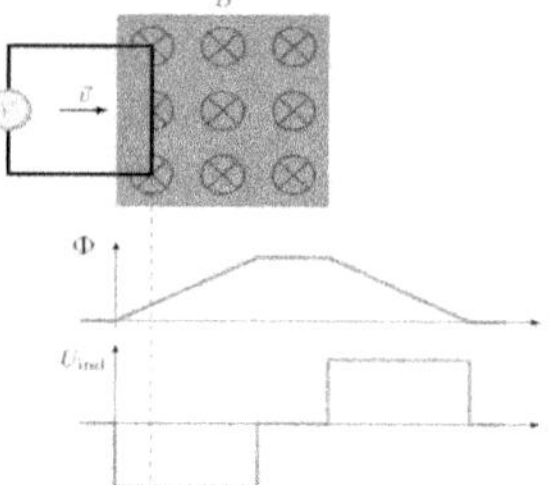

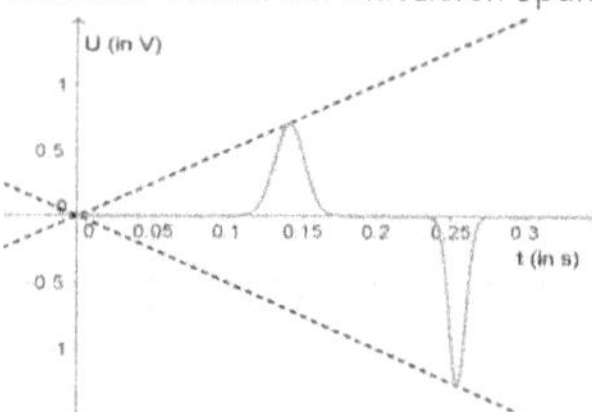

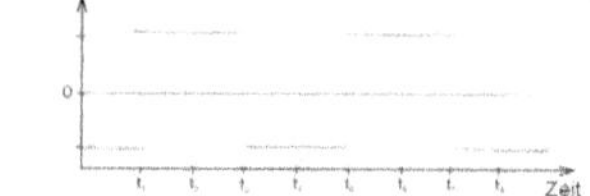

40. $U = -N \cdot B \cdot b \cdot v \approx -0.06\ V$

41. Zeitlicher Verlauf der induzieren Spannung:

42. a) Zeitlicher Verlauf der induzierten Spannung:
    b) $U = -38.85\ mV$

43. a) $m = 3.568\ g$, $R = 6.36\ m\Omega$
    b) $U = B \cdot a \cdot v$, $I = \dfrac{B \cdot a \cdot v}{R}$
    c) $F_B = \dfrac{B^2 \cdot a^2 \cdot v}{R}$
    d) $v = \dfrac{m \cdot g \cdot R}{B^2 \cdot a^2} = 0.989\ \dfrac{cm}{s} \approx 1\ \dfrac{cm}{s}$

44. $\Phi_m(0°) = 3.2 \cdot 10^{-5}\ Wb$
    $\Phi_m(45°) = 2.3 \cdot 10^{-5}\ Wb$
    $\Phi_m(60°) = 1.6 \cdot 10^{-5}\ Wb$
    $\Phi_m(90°) = 0\ Wb$
    $\Phi_m(120°) = -1.6 \cdot 10^{-5}\ Wb$
    $\Phi_m(180°) = -3.2 \cdot 10^{-5}\ Wb$

45. $\hat{U} = 3.16\ V$

46. a) $U_{ind} = 17.7\ V$, $U_A = 6.30\ V$
    b) $P_{el} = 40.3\ W$, $P_{mech} = 29.7\ W$, $P_{Wärme} = 10.6\ W$
    c) $\eta = 73.8\ \%$
    d) Ein Teil der mechanischen Leistung wird zur
       Überwindung der Reibung benötigt.

47. Wenn eine Last angeschlossen wird, fliesst Strom
    durch den Generator, was ein Magnetfeld erzeugt,
    das dem Drehen des Generators entgegenwirkt
    (Lenz'sche Regel). Dadurch wird es für das
    Wasserrad schwerer, den Generator mit der
    gleichen Geschwindigkeit zu drehen, was zu einer
    Abnahme der Drehzahl und folglich zu einer
    Verringerung der erzeugten Spannung führt.

Bildquellen

Seite 1   „J. C. Maxwell " von Lewis Campbell and William Garnett via Wikimedia Commons (Public Domain)

Seite 3   „Addition von Feldern" von すじにくシチュー via Wikimedia Commons (Public Domain)

Seite 4ff   „Felder von Ladungen" von Geek3 via Wikimedia Commons (Creative Commons BY-SA 3.0)

Seite 5   „Schema einer Elektronenkanone" von Stefan Richtberg via Wikimedia Commons (Public Domain)
„Elektronenkanone" von Dantor via Wikimedia Commons (Creative Commons BY-SA 3.0)

Seite 6   „Oszilloskop" von Peter Seligman via Wikimedia Commons (Creative Commons BY-SA 4.0)
„Braun'sche Röhre" von Д.Ильин via Wikimedia Commons (Public Domain)
„Milllikan" von MikeRun via Wikimedia Commons (Creative Commons BY-SA 4.0)

Seite 8   „Schema einer Röntgenröhre" von OpenStax via Wikimedia Commons (Creative Commons BY-SA 4.0)
„Photomultiplier" von Jkrieger via Wikimedia Commons (Public Domain)

Seite 9   „Felder von Ladungen" von Geek3 via Wikimedia Commons (Creative Commons BY-SA 3.0)
„Äquipotentiallinien" von Saure via Wikimedia Commons (Creative Commons BY-SA 3.0)
„Potential eines Dipols" von MikeRun via Wikimedia Commons (Creative Commons BY-SA 4.0)

Seite 10   „Blitz" von Oliver Steinke via Wikimedia Commons (Creative Commons BY-SA 2.0)
„Gewitter" von Philip Preston, NOAA via Wikimedia Commons (Public Domain)
„Baum" von J Taylor via Wikimedia Commons (Creative Commons BY-SA 2.0)

Seite 12   „Leiter mit B-Feld" von Stannered via Wikimedia Commons (Creative Commons BY-SA 3.0)
„Kreisstrom" von 30px MovGP0 via Wikimedia Commons (Creative Commons BY-SA 2.0)
„Spule" von MikeRun via Wikimedia Commons (Creative Commons BY-SA 4.0)
„Helmholtzspule" von Ansgar Hellwig via Wikimedia Commons (Creative Commons BY-SA 3.0)

Seite 13   „Solenoid" von MikeRun via Wikimedia Commons (Creative Commons BY-SA 4.0)
            „Toroid" von Peripitus via Wikimedia Commons (Creative Commons BY-SA 3.0)
Seite 14   „Leuchtturm Akranes" von Theo Schacht via Wikimedia Commons (Creative Commons BY-SA 3.0)
            „Erdmagnetfeld", NASA via Wikimedia Commons (Public Domain)
            „Aurora borealis" von Schnuffel2002 via Wikimedia Commons (Creative Commons BY-SA 3.0)
Seite 15   „Fadenstrahlrohr" von Chris232 via Wikimedia Commons (Public Domain)
            „Wien-Filter" von Miessen via Wikimedia Commons (Public Domain)
Seite 16   „Massenspektrometer" von Devon Fyson via Wikimedia Commons (Public Domain)
            „Zyklotron" von Klaus Foehl via Wikimedia Commons (Public Domain)
Seite 17   „CRT" von grm wnr via Wikimedia Commons (Creative Commons BY-SA 3.0)
            „Optical vs. TEM" von FDominec via Wikimedia Commons (Creative Commons BY-SA 4.0)
            „Pollen verschiedener Pflanzen: Sonnenblume, Purpur-Prunkwinde, Stockrose, Lilie, Primrose und
            Wunderbaum", Dartmouth College Electron Microscope Facility via Wikimedia Commons (Public Domain)
Seite 18   „Fernsehröhre" Raimond Spekking via Wikimedia Commons (Creative Commons BY-SA 4.0)
            „Fadenstrahlrohr" von Sfu via Wikimedia Commons (Creative Commons BY-SA 3.0)
            „Nebelkammer", DESY via Wikimedia Commons (Public Domain)
            „Teilchen in Feldern" von Qniemiec via Wikimedia Commons (Creative Commons BY-SA 3.0)
Seite 19   „Wasserstoff Isotope" von Dirk Hünniger via Wikimedia Commons (Creative Commons BY-SA 3.0)
            „Fusion" von Wykis via Wikimedia Commons (Public Domain)
            „Sonne", NASA via Wikimedia Commons (Public Domain)
Seite 20   „Lorentz-Kraft auf Leiter" von Biezl via Wikimedia Commons (Public Domain)
            „Kraft auf Drähte" von Jfmelero via Wikimedia Commons (Creative Commons BY-SA 4.0)
Seite 21   „Ampère-Definition" von Danmichaelo via Wikimedia Commons (Public Domain)
            „Lautsprecher" von Svjo via Wikimedia Commons (Creative Commons BY-SA 3.0)
            „Freileitung" von Kreuzschnabel via Wikimedia Commons (Creative Commons BY-SA 3.0)
Seite 22   „Motor" von MikeRun via Wikimedia Commons (Creative Commons BY-SA 4.0)
            „Drehmoment" von MikeRun via Wikimedia Commons (Creative Commons BY-SA 4.0)
Seite 23   „Drehspulinstrument" von Honina via Wikimedia Commons (GNU Free Documentation License 1.2)
            „DC Motor" von Honina / Algos via Wikimedia Commons (Creative Commons BY-SA 3.0)
            „Animation eines Motors" von Michael Frey via Wikimedia Commons (Creative Commons BY-SA 3.0)
Seite 24   „Hall-Effekt" von Peo via Wikimedia Commons (Creative Commons BY-SA 3.0)
            „Hall-Sonde" von Meissen via Wikimedia Commons (Public Domain)
Seite 25   „Induktion" von MikeRun via Wikimedia Commons (Creative Commons BY-SA 4.0)
            „Induktion" von Michael Lenz via Wikimedia Commons (Public Domain)
            „Feldfluss" von ARTE via Wikimedia Commons (Public Domain)
Seite 26   „Lenz'sche Regel" von MikeRun via Wikimedia Commons (Creative Commons BY-SA 4.0)
            „Waltenhof-Pendel" von MikeRun via Wikimedia Commons (Creative Commons BY-SA 4.0)
            „Wirbelstrombremse" von Chetvorno via Wikimedia Commons (Public Domain)
            „Lenz'sche Regel" von Drumm4life via Wikimedia Commons (Public Domain)
Seite 27   „MRI" von Sergei Verzilin via Wikimedia Commons (Creative Commons BY-SA 3.0)
            „Schleif im B-Feld" von And1mu via Wikimedia Commons (Creative Commons BY-SA 4.0)
Seite 28   „Fallende Schleife" abgeändert von Klaus-Dieter Keller via Wikimedia Commons (CC BY-SA 4.0)
            „Elektromotoren" von C_J_Cowie via Wikimedia Commons (Creative Commons BY-SA 3.0)
Seite 29   „Generator" von Honina via Wikimedia Commons (Creative Commons BY-SA 3.0)
            „Magnetischer Fluss" von Jfmelero via Wikimedia Commons (Creative Commons BY-SA 3.0)
            „Wechselstrom", US Department of Defence via Wikimedia Commons (Public Domain)
Seite 30   „Motoren" von Honina / Algos via Wikimedia Commons (Creative Commons BY-SA 3.0)
            „Generator" von Kokuzin via Wikimedia Commons (Public Domain)
Seite 31   „Felder von Ladungen" von Geek3 via Wikimedia Commons (Creative Commons BY-SA 3.0)
Seite 32   „Schleife im B-Feld" von And1mu via Wikimedia Commons (Creative Commons BY-SA 4.0)
Alle restlichen Grafiken von Christian Wyss (Creative Commons BY-SA 4.0)
Die Creative Commons Lizenzen sind unter https://creativecommons.org/ erhältlich.
Das vorliegende Skript wurde von Dr. Christian Wyss erstellt und ist unter www.mathema.ch zu beziehen.

Elektrotechnik und Elektronik

SMD-Bauelemente (surface-mount device) haben im Gegensatz zu Bauelementen der THT-Montage (Through Hole Technology) keine Drahtanschlüsse, sondern werden mittels lötfähiger Anschlussflächen direkt auf eine Leiterplatte gelötet. SMD-Bauelemente besitzen gegenüber den THT-Teilen unter anderem folgende Vorteile: Miniaturisierung, engeren Leiterbahnabstand, Eignung für flexible Leiterplatten, Kostenreduzierung, Gewichtsreduzierung, Verbesserung von Hochfrequenzeigenschaften, schnellere Gerätefertigung, etc...

1. Widerstand, Kapazität und Induktivität

Der Widerstand R

Der elektrische **Widerstand** ist ein Mass dafür, welche elektrische Spannung erforderlich ist, um eine bestimmte elektrische Stromstärke durch einen elektrischen Leiter (Bauelement, Stromkreis) fliessen zu lassen. Der Widerstand ist wie folgt definiert:

$$R = \frac{U}{I} \qquad [R] = \frac{V}{A} = \text{Ohm} = \Omega$$

Aufgabe 1: Betrachte die abgebildete Schaltung.

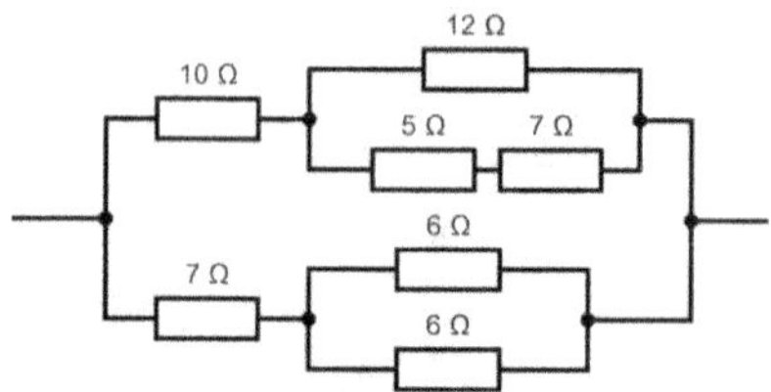

  a) Bestimme den Gesamtwiderstand der Schaltung.

  b) Über der Schaltung ist eine Spannung von 12 V angelegt. Berechne die Ströme, die durch die einzelnen Widerstände fliessen.

Aufgabe 2: Bestimme den Widerstand

  a) einer Parallelschaltung bzw. b) einer Serienschaltung

  zweier Widerstände R_1 und R_2, wenn R_1 unendlich gross bzw. null ist.

  c) Welche physikalische Bedeutung hat es, wenn ein Widerstand unendlich gross bzw. null ist?

Aufgabe 3: Zwei Glühbirnen werden in Serie an ein Stromnetz mit der Spannung von 230 V angeschlossen. Die grössere Glühbirne hat die Spezifikation 150 W bei 230 V, während die kleine Fahrradlampe mit 3.0 W bei 4.5 V angeschrieben ist. Berechne die Leistung der beiden Glühbirnen in Serienschaltung und vergleiche diese mit den Herstellerangaben.

Bisher haben wir angenommen, dass die Spannungsquelle ideal ist, das heisst, sie besitzt keinen *Innenwiderstand* R_i. In der Realität hat jedoch jede Spannungsquelle einen eigenen Widerstand. Eine reale Spannungsquelle setzt sich aus einer idealen Spannungsquelle und einem Innenwiderstand zusammen.

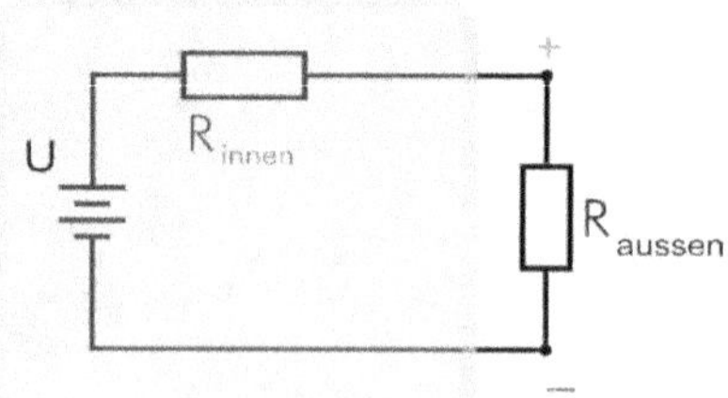

Aufgabe 4: Wir vergleichen eine reale Spannungsquelle mit einer idealen Spannungsquelle. Die reale Spannungsquelle besteht aus einer idealen Spannungsquelle mit U = 12 V und einem Innenwiderstand R_i = 0.1 Ω. Bei der idealen Spannungsquelle beträgt der Innenwiderstand R_i = 0 Ω.

  a) An den Klemmen wird eine Last mit R_a = 2 Ω angeschlossen. Wie gross ist der Strom durch die Last und die Spannung über der Last bei beiden Spannungsquellen?

  b) Berechne Strom und Spannung, wenn gar keine Last R = ∞ Ω angehängt wird (Leerlaufspannung).

  c) Berechne Strom und Spannung, wenn die beiden Klemmen mit einem Draht R = 0 Ω angehängt werden (Kurzschluss).

Aufgabe 5: Batterien, wie zum Beispiel Autobatterien, haben einen sehr niedrigen Innenwiderstand, der typischerweise im Bereich von einigen Hundertstel Ohm liegt. Sie können daher sehr hohe Ströme liefern. Die Leerlaufspannung einer Autobatterie beträgt 12 V, und der Innenwiderstand beträgt 20 mΩ. Das Auto bezieht einen Strom von 8.50 A. Der Anlasser benötigt einen deutlich höheren Strom von 90 A. Berechne in beiden Fällen (nur Licht, Licht und Anlasser) die Klemmenspannung der Batterie.

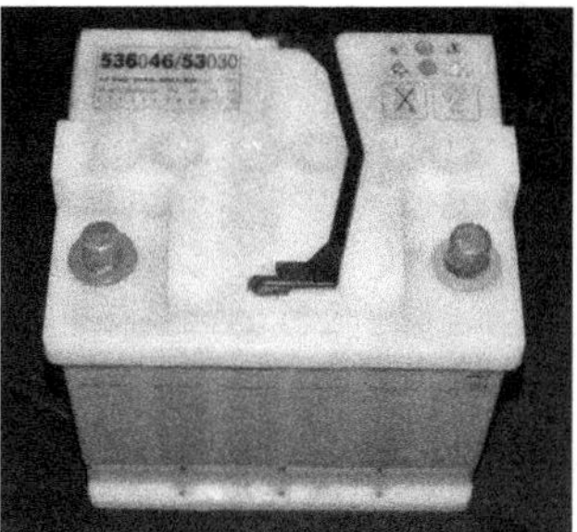

Aufgabe 6: Eine typische Solarzelle hat folgende Spezifikationen:

Leistung	Nennstrom	Nennspannung	Leerlaufspannung
W	mA	V	V
0.16	23	7.0	11.5

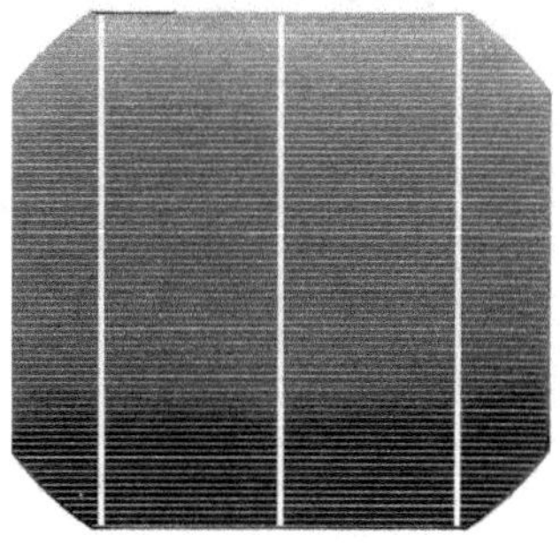

a) Wie gross ist der Innenwiderstand der Solarzelle im Betrieb?

b) Bei welchem Widerstand des Verbrauchers R_a gibt die Zelle die maximale Leistung ab?

c) Welche maximale Leistung kann die Zelle abgeben?

Die Schmelzsicherung

Eine Schmelzsicherung ist eine Überstromschutzeinrichtung, die
durch das Abschmelzen eines Schmelzleiters den Stromkreis unter-
bricht, wenn die Stromstärke einen bestimmten Wert während einer
ausreichenden Zeit überschreitet. So werden Geräte und Hausinstallationen vor zu grossen Strömen geschützt. Diese können Geräte
beschädigen oder zu Kabelbränden führen.

Feinsicherungen
in Geräten

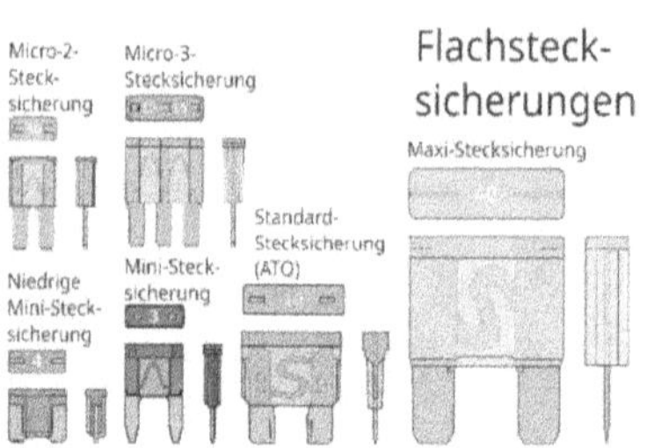

Flachstecksicherungen
in Automobilen

Schraubsicherungen
in Hausinstallationen

Eine Sicherung darf niemals repariert oder überbrückt werden!

Aufgabe 7: Schmelzsicherungen sind durch ihre
Auslösecharakteristik gekennzeichnet. Es
wird zwischen flinken (unter 20 ms) und
trägen Sicherungen (zwischen 100 ms bis
300 ms) unterschieden. Bei Hausinstallationen werden oft Ganzbereichssicherun-
gen eingesetzt (trägflink, d.h. bei niedrigen
Kurzschlussströmen träge und bei hohen
flink). Weitere wichtige Eigenschaften von
Schmelzsicherungen sind der Nennstrom
und das Schaltvermögen (maximaler Kurz-
schlussstrom, den die Sicherung noch
sicher abschalten kann, ohne dass ein
Lichtbogen stehen bleibt oder die Sicherung selbst zerstört wird). Das Zeit-Strom-
Diagramm von träg-flinken Sicherungen ist
nebenstehend abgebildet. Wie lange
dauert es, bis eine solche Sicherung mit
Nennstrom 10 A, die von einem Strom von
200 A durchflossen wird, abschaltet?

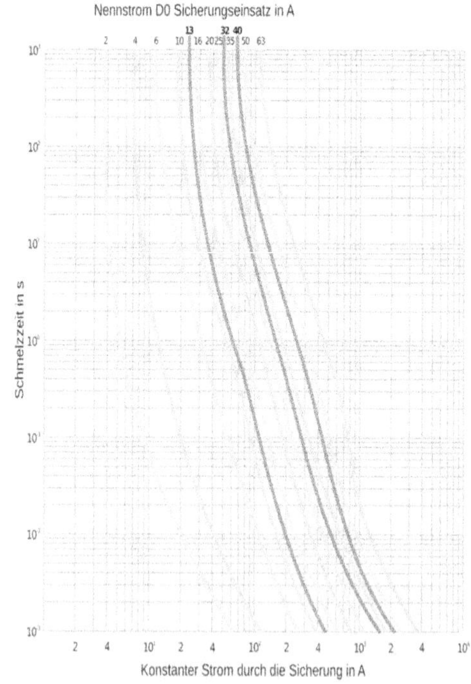

Die Kapazität C

Ein Kondensator (von lateinisch condensare ‚verdichten') ist ein elektrisches Bauelement mit der Fähigkeit, elektrische Ladung zu speichern. Kondensatoren bestehen aus zwei elektrisch leitfähigen Flächen, den Elektroden, zwischen denen sich ein isolierendes Material befindet.

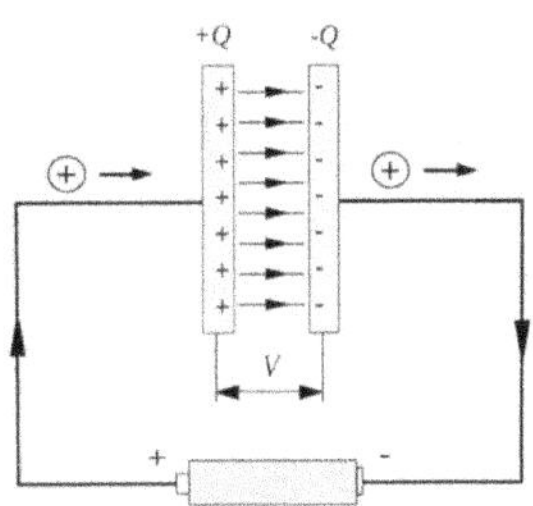

Die elektrische Kapazität (von lateinisch capacitas ‚Fassungsvermögen') ist eine physikalische Grösse, die angibt, wieviel Ladung in einem Kondensator pro Spannungseinheit gespeichert werden kann. Die elektrische Kapazität ist gleich dem Verhältnis der Ladungsmenge Q, die gespeichert ist und der zwischen ihnen herrschenden elektrischen Spannung U.

Die *Kapazität C* eines Kondensators ist:

$$C = \frac{Q}{U} \qquad [C] = \frac{C}{V} = Farad = F$$

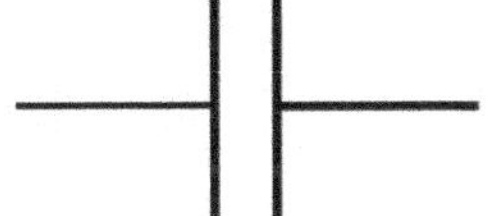

Die Elektroden und die Isolationsschicht (Dielektrikum) eines Kondensators können entweder aufgewickelt oder in parallelgeschalteten Schichten als Stapel angeordnet werden. Industriell gefertigte Kondensatoren weisen Kapazitätswerte von etwa 1 Picofarad (10^{-12} F) bis zu etwa 1 Farad auf. Bei Superkondensatoren (Supercaps) sind sogar Kapazitäten bis zu 10'000 Farad möglich. Neben Kondensatoren mit festen Kapazitätswerten gibt es auch variable Kondensatoren, deren Kapazität einstellbar ist.

Kondensatoren finden in vielen elektrischen Anlagen sowie in fast allen elektrischen und elektronischen Geräten Anwendung. Sie dienen beispielsweise als Energiespeicher (wie in Blitzlichtgeräten), zur Entkopplung von Gleich- und Wechselstrom oder in Kombination mit Spulen zur Bildung von Filtern und Schwingkreisen. Im Bereich der Stromversorgung kommen sie als Glättungskondensatoren (in Gleichrichtern von Netzteilen) und als Stützkondensatoren in Digitalschaltungen zum Einsatz.

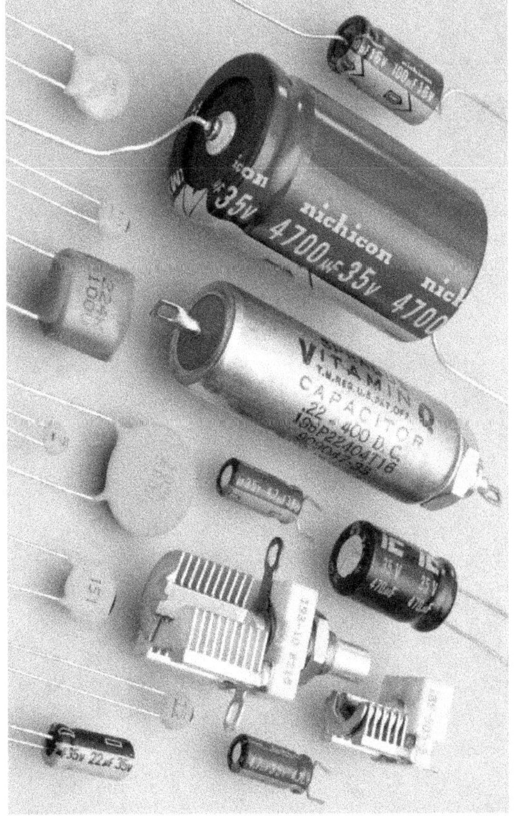

Kapazität eines Plattenkondensators

Wir betrachten den elektrischen Feldfluss $\Phi_e = E \cdot A$ einer Platte unendlich weit von der Platte entfernt und an der Oberfläche der Platte:

$$\text{Feldfluss } \Phi_E \text{ an der Oberfläche} \qquad \Phi_E = 2 \cdot E \cdot A$$

$$\text{Feldfluss } \Phi_E \text{ unendlich weit entfernt} \qquad \Phi_E = \frac{1}{4\pi\varepsilon_0} \frac{Q}{r^2} \underbrace{4\pi r^2}_{\text{Kugel-oberfläche}} = \frac{Q}{\varepsilon_0}$$

Die beiden Feldflüsse müssen identisch sein

$$2EA = \frac{Q}{\varepsilon_0} \qquad E = \frac{Q}{2\varepsilon_0 A}$$

Kondensator aus entgegengesetzt geladenen Platten:

$$\text{Aussenraum} \quad E = E_+ - E_- = 0$$
$$\text{Innenraum} \quad E = E_+ + E_- = \frac{Q}{\varepsilon_0 A}$$

Wir finden für die *elektrische Feldstärke im Kondensator*:

$$E = \frac{1}{\varepsilon_0} \cdot \frac{Q}{A}$$

und somit für die *Kapazität des Plattenkondensators*:

$$C = \varepsilon_0 \frac{A}{d}$$

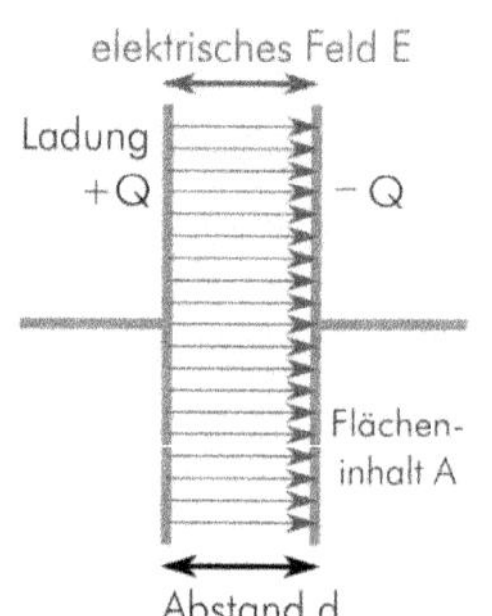

Die Ladung, die von den Kondensatorplatten aufgenommen werden kann, ist von der Plattenfläche abhängig. Je grösser die Fläche, desto mehr Ladungsträger finden auf ihr Platz. Das Speichervolumen bzw. die Ladungsmenge des Kondensators – seine Kapazität – steigt somit proportional zur Plattenfläche A.

Neben der Plattenfläche beeinflusst der Plattenabstand d die von den Platten aufnehmbare Ladungsmenge. Die sich gegenüberliegenden Ladungen der Kondensatorplatten üben eine gegenseitige Anziehungskraft aufeinander aus. Ist der Plattenabstand klein, so ist die Kraft grösser und es werden zusätzliche Ladungen auf die Platten gezogen. Die Ladungsträgerdichte nimmt zu und die Kapazität steigt.

Materie im elektrischen Feld

Betrachten wir Dielektrikum (nichtleitende
Substanz, in der die Ladungsträger nicht frei
beweglich sind) zwischen den Platten eines
Kondensators. Bei einem ungeladenen Kondensator bewegen sich die Elektronen des
Dielektrikums räumlich ungeordnet um den
Atomkern. Unter dem Einfluss eines äusseren
elektrischen Feldes tritt eine deutliche räum-
liche Verschiebung der Elektronen und eine
geringfügige Lageänderung der Atom-
kerne auf. Die einzelnen Atome werden durch

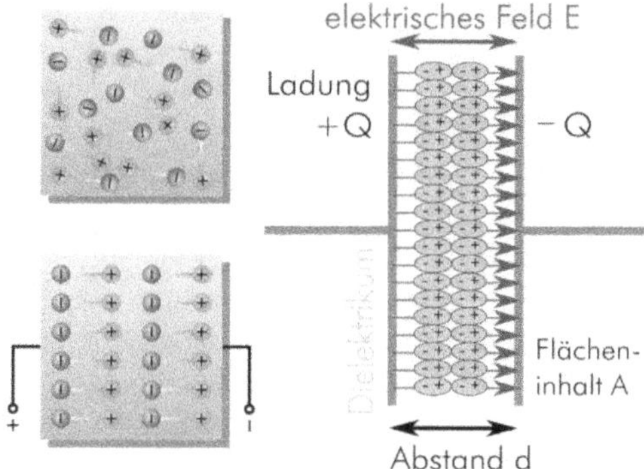

die elektrischen Anziehungskräfte der geladenen Kondensatorplatten zu kleinen Dipolen – sie
werden polarisiert. Dies hat den gleichen Effekt wie eine Verringerung des Plattenabstandes beim
leeren Kondensator.

Die nebenstehende Tabelle gibt einen Überblick über die relativen
Permittivitätszahlen verschiedener Isolierwerkstoffe.

Für die *elektrische Permittivität* des Materials gilt:

$$\varepsilon = \varepsilon_r \cdot \varepsilon_0$$

mit der *elektrische Feldkonstante*

$$\varepsilon_0 = 8.854187817\ldots \cdot 10^{-12}\ \text{A·s·V}^{-1}\text{·m}^{-1}$$

Dielektrisches Material	Relative Permittivität ε
Vakuum	1
Luft	1.00536
Papier	1 bis 4
Paraffin	2.2
Plexiglas	3.4
Glas	3.8
Glimmer	6 bis 8

Der Piezoelektrische Effekt

Der Piezoeffekt (altgr. πιέζειν piezein ‚drü-
cken‘, ‚pressen‘) beschreibt die Änderung der
elektrischen Polarisation und somit das Auftreten einer elektrischen Spannung an Fest-
körpern, wenn sie elastisch verformen. Umgekehrt verformen sich Materialien bei Anlegen einer elektrischen Spannung (inverser
Piezoeffekt).

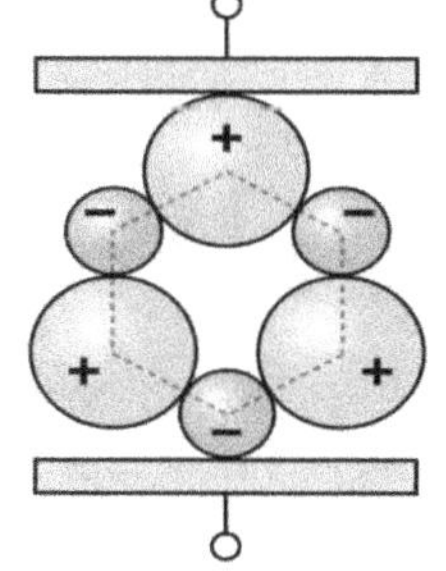
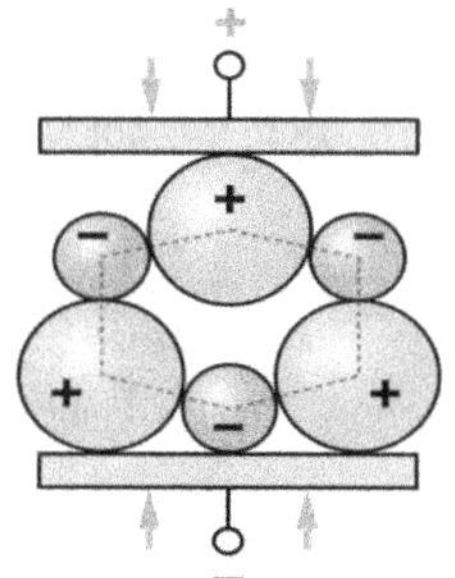

Bei den Piezoelektrischen Materialien handelt es sich um
Keramiken und Kristalle. Der bekannteste Piezokristall ist
Quarz SiO_2. Sie werden in elektrischen Feuerzeugen,
Waagen und Piezomikrophonen eingesetzt. Der inverse
Effekt wird bei Piezolautsprecher, Tintenstrahldrucker
und bei der Aktorik (Positionierung) eingesetzt.

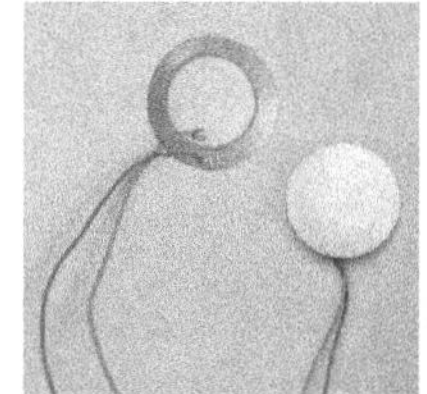

Die Energie des Felds

Zum Aufladen eines Kondensators und damit zum Aufbau des elektrischen Feldes im Kondensator wird Arbeit verrichtet. Diese Arbeit ist in der Energie des elektrischen Feldes gespeichert.

$$C = \frac{Q}{U} \quad \rightarrow \quad U = \frac{1}{C} \cdot Q$$

$$\overline{U} = \frac{W}{Q} \quad \rightarrow \quad W = \overline{U} \cdot Q$$

$$\overline{U} = \frac{1}{2} \frac{1}{C} \cdot Q$$

$$W = \frac{1}{2} \frac{1}{C} Q^2 = \frac{1}{2} \frac{Q^2}{C} = \frac{1}{2} C \cdot U^2$$

$$\text{mit } C = \varepsilon_0 \frac{A}{d} \quad \text{und } E = \frac{Q}{\varepsilon_0 A}$$

$$= \frac{1}{2} \frac{d}{\varepsilon_0 A} E^2 \varepsilon_0^2 A^2$$

$$= \frac{1}{2} \varepsilon_0 \underbrace{A \cdot d}_{V} E^2 = \frac{1}{2} \varepsilon_0 V \cdot E^2$$

$$w_e = \frac{W}{V} = \frac{1}{2} \varepsilon_0 E^2$$

Die *Energie des Feldes im geladenen Kondensator* ist

$$E_C = \frac{1}{2} \frac{Q^2}{C} = \frac{1}{2} C U^2 \qquad [E_C] = J$$

und die *Energiedichte des elektrischen Feldes* ist

$$w_e = \frac{E_C}{V} = \frac{1}{2} \varepsilon_0 E^2 \qquad [w_e] = \frac{J}{m^3}$$

Aufgabe 8: Ein Plattenkondensator besteht aus zwei parallelen, kreisförmigen Platten mit einer Fläche von je 420 cm². Der Abstand zwischen den Platten beträgt 8.0 mm. Der Raum zwischen den Platten ist mit Luft gefüllt. Es wird eine Spannung von 7 kV am Kondensator angelegt.

a) Wie gross ist die Kapazität des Kondensators?

b) Welche Ladung und wie viele Elektronen werden durch die Spannung von der einen Platte zur anderen verschoben?

c) Wie gross ist die elektrische Feldstärke zwischen den Platten?

d) Welche Arbeit muss die Spannungsquelle verrichten, um den Kondensator zu laden?

e) Wie viel Energie pro Kubikmeter speichert das elektrische Feld zwischen den Platten?

Aufgabe 9: Mit zwei gleich grossen, kreisrunden und ebenen Metallplatten soll ein Kondensator hergestellt werden. Dieser soll bei einem Plattenabstand von 1.00 mm eine Ladung von 100 nC aufnehmen, wenn er an eine Spannung von 100 V angeschlossen wird. Der Raum zwischen den Platten ist mit Luft gefüllt.

a) Wie gross muss der Radius der Platten gewählt werden?

b) Nun wird eine 0.100 mm dicke Plastikfolie mit einer relativen Permittivität von 5.00 zwischen die Platten geschoben. Anschliessend werden die Platten so weit zusammengeschoben, bis sie die Folie berühren. Welche Ladung nimmt der Kondensator nun auf, wenn er erneut an 100 V angeschlossen wird?

Aufgabe 10: Ein Plattenkondensator hat eine Kapazität von 8.0 nF. Er besteht aus zwei Metallplatten mit einem Abstand von 0.10 mm und ist auf 15 V aufgeladen.

a) Wie gross ist die Fläche der Platten und die Feldstärke zwischen den Platten?

b) Die Durchschlagfeldstärke in Luft beträgt 30 $^{kV}/_{cm}$. Auf welchen Abstand kann der Plattenabstand theoretisch verringert werden? Wie gross wäre dann die Kapazität des Kondensators? Weshalb ist dies praktisch nicht realisierbar?

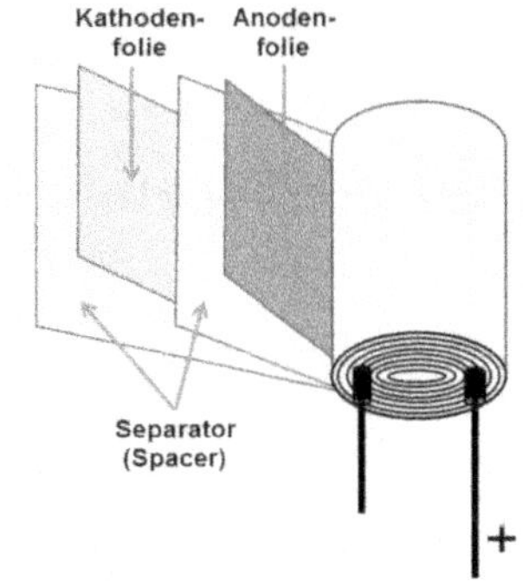

c) Zwei Aluminiumfolien (mit dem gleichen Flächeninhalt wie die Metallplatten) werden durch eine Polystyrolfolie (ε_r = 2.5, E = 450 kV/cm) getrennt. Wie dick muss die Folie bei einer Spannung von 15 V mindestens sein? Wie gross wäre die Kapazität des Kondensators?

d) Welchen Durchmesser hätte dieser Kondensator, wenn das Foliensandwich aus zwei Aluminiumfolien, der Polystyrolfolie und einer Schutzfolie eine Gesamtdicke von 45 µm hätte und seine Höhe 3.1 cm betrüge?

Aufgabe 11: In einem Hybridauto werden für die Energiespeicherung 96 in Serie geschalteter Superkondensatoren mit je 800 F Kapazität verwendet. Die maximale Spannung pro Kondensator beträgt 2.5 V. Der Speicher nimmt beim starken Abbremsen die kinetische Energie einer Abbremsung von 85 km/h auf 0 km/h auf und stellt sie beim nächsten Beschleunigungsvorgang wieder zur Verfügung. Dabei werden die Kondensatoren nur bis zur Hälfte der maximalen Spannung entladen. Wie gross darf die Gesamtmasse des Autos mit Fahrer und Ladung höchstens sein, damit die Vorgaben erfüllt werden?

Aufgabe 12: Ein elektrisches Feld polarisiert Atome. Bei Feldstärken von mehr als etwa 2'500 $^{V}/_{mm}$ kann Luft gar ionisiert werden. Die dabei herausgerissenen Elektronen werden im elektrischen Feld beschleunigt und stossen auf andere Atome, die dadurch ebenfalls ionisiert werden und weitere Elektronen freisetzen. Diese Elektronenlawine fliesst zum Pluspol der Spannungsquelle, die das Feld erzeugt. So entstehen Blitze. Bei einem Gewitter lädt sich durch vertikale Luftströmungen eine Art riesiger Kondensator – der durch die Erde und die Wolken gebildet wird – auf. Schätze die elektrische Energie, die in 1 km^3 Luft während eines Gewitters gespeichert wird.

Die Induktivität L

Spulen sind in der Elektrotechnik Leiterwicklungen, die geeignet sind, ein Magnetfeld zu erzeugen oder zu detektieren. Sie sind dabei Teil eines elektrischen Bauelementes oder Gerätes, wie beispielsweise eines Transformators, Relais, Elektromotors oder Lautsprechers. Andererseits sind Spulen passive Bauelemente, die überwiegend im Bereich der Signalverarbeitung, z. B. in Schwingkreisen, Tiefpässen, Hochpässen, Bandpässen, zur Stromflussglättung oder als Energiespeicher in Schaltnetzteilen sowie vielen weiteren elektronischen Geräten eingesetzt werden.

Ein Strom I, der durch eine Spule fliesst, erzeugt ein Magnetfeld B. Ändert sich nun der durch die Spule fliessende Strom (z.B. beim Ein- oder Ausschalten), so bewirkt dieser eine Änderung des magnetischen Flusses durch die „eigene" Spule. Aufgrund des Induktionsgesetzes tritt eine Induktionsspannung auf, die nach der Lenz'schen Regel die Ursache ihrer Entstehung zu hemmen sucht. Die Spule induziert sich selber eine Spannung U, die der Änderung des Stromes entgegengerichtet ist (*Selbstinduktion*):

$$U = -L \, \frac{dI}{dt} = -L\dot{I}$$

wobei die Induktivität L der Spule ein Mass für die induzierte Spannung pro Änderungsrate des Stromes ist.

Die Einheit der **Induktivität L** ist

$$[L] = \frac{V \cdot s}{A} = Henry = H$$

Induktivität einer Zylinderspule

Für die magnetische Flussdichte B im inneren einer unendlich langen, stromdurchflossenen Spule gilt:

$$B = \frac{\mu_0 N I}{\ell}$$

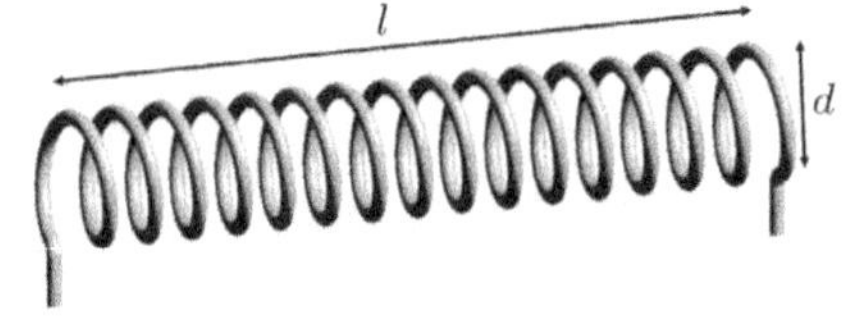

Für die durch ein Magnetfeld induzierte Spannung in einem Leiter gilt:

$$U = -\dot{\Phi}_m$$

mit dem magnetischen Feldfluss $\Phi_m = B \cdot A$ finden wir für die selbstinduzierte Spannung in einer Spule:

$$\Phi_m = \frac{\mu_0 N I}{\ell} A \cdot N$$

$$U = -\frac{\mu_0 N^2 A}{\ell}\dot{I} = -L \cdot \dot{I} \quad \text{mit} \quad L = \frac{\mu_0 N^2 A}{\ell}$$

Materie im magnetischen Feld

Oft wird der Draht einer Spule um einen festen Körper (Spulenkern) gewickelt. Das Material des Spulenkerns verändert die magnetische Flussdichte in der Spule.

Die nebenstehende Tabelle gibt einen Überblick über die relative Permeabilitätszahl einiger Stoffe.

Für die *magnetische Permeabilität* des Materials gilt:

$$\mu = \mu_r \cdot \mu_0$$

mit der *magnetischen Feldkonstante*

$$\mu_0 = 4 \cdot \pi \cdot 10^{-7} \; V \cdot s \cdot A^{-1} \cdot m^{-1}$$

Magnetische Materialien lassen sich anhand ihrer Permeabilitätszahl klassifizieren.

Material	Relative Permeabilitätszahl μ_r
Supraleiter	0
Zinn	$1 - 18 \cdot 10^{-6}$
Wasser	$1 - 9.1 \cdot 10^{-6}$
Kupfer	$1 - 6.4 \cdot 10^{-6}$
Vakuum	1
Luft	$1 + 0.4 \cdot 10^{-6}$
Aluminium	$1 + 22 \cdot 10^{-6}$
Kobalt	70 bis 250
Eisen	200 bis 5000
Mu-Metall	8'000 bis 100'000

Diamagnetische Stoffe $0 < \mu_r < 1$

Diamagnetische Stoffe besitzen eine geringfügig kleinere Permeabilität als das Vakuum, zum Beispiel Stickstoff, Kupfer oder Wasser. Diamagnetische Stoffe haben das Bestreben, das Magnetfeld aus ihrem Innern zu verdrängen. Sie magnetisieren sich gegen die Richtung eines externen Magnetfeldes, folglich ist $\mu_r < 1$. Einen Sonderfall stellen die Supraleiter dar. Sie verhalten sich im konstanten Magnetfeld wie ideale Diamagneten mit $\mu_r = 0$.

Paramagnetische Stoffe $\mu_r > 1$

Für die meisten Materialien ist die Permeabilitätszahl etwas grösser als Eins – die so genannten paramagnetischen Stoffe. In paramagnetischen Stoffen richten sich die atomaren magnetischen Momente in externen Magnetfeldern aus und verstärken damit das Magnetfeld im Innern des Stoffes. Die Magnetisierung ist also positiv und damit $\mu_r > 1$.

Ferromagnetische Stoffe $\mu_r \gg 1$

Besonders Bedeutung kommt den ferromagnetischen Stoffen (Eisen und Ferrite, Cobalt, Nickel) zu, da diese sehr grosse Permeabilitätszahlen von $\mu_r > 300$ bis zu 300'000 aufweisen. Diese Stoffe kommen in der Elektrotechnik häufig zum Einsatz (Spule, Elektromotor, Transformator). Ferromagneten richten ihre magnetischen Momente parallel zum äusseren Magnetfeld aus, tun dies aber im Vergleich zu den Paramagneten in einer wesentlich verstärkenderen Weise.

Die Energie des Felds

Beim Einschalten des Stromes durch eine Spule wird Arbeit verrichtet. Diese Arbeit wird in der Energie des magnetischen Feldes gespeichert.

$$P = \frac{dW}{dt} = \dot{W} = U \cdot I = -L \cdot I \cdot \dot{I} \implies \dot{W} = -L \cdot I \cdot \dot{I}$$

Wir lösen die Gleichung mit dem Ansatz $W = -\tfrac{1}{2} L I^2$

$$\implies \dot{W} = -\tfrac{1}{2} L \cdot 2 \cdot I \cdot \dot{I} = -L I \dot{I} \checkmark$$

$$\implies E_L = -W = \tfrac{1}{2} L I^2$$

Mit $B = \dfrac{\mu_0 N I}{\ell}$ und $L = \dfrac{\mu_0 N^2 A}{\ell}$

$$E_L = \tfrac{1}{2} \frac{\mu_0 N^2 A}{\ell} \cdot \frac{\ell^2 B^2}{\mu_0^2 N^2 A} = \tfrac{1}{2} \frac{A \cdot \ell \cdot B^2}{\mu_0} = \tfrac{1}{2} \frac{V B^2}{\mu_0}$$

Die *Energie des Feldes in einer stromdurchflossenen Spule* ist

$$E_L = \tfrac{1}{2} L I^2 \qquad\qquad [E_L] = J$$

Die *Energiedichte des magnetischen Feldes* in einer Spule ist

$$w_m = \frac{E_L}{V} = \frac{B^2}{2\mu_0} \qquad\qquad [w_m] = J/m^3$$

Aufgabe 13: Wir betrachten eine Spule mit 6'000 Windungen, 15 cm Länge und 20cm^2 Querschnittsfläche. Berechne die Induktivität dieser Spule.

Aufgabe 14: Eine reale Spule setzt sich aus einer idealen Spule mit der Induktivität L und einem ohmschen Widerstand R zusammen. An diese Spule wird eine Spannung von U = 10V angelegt. Schaltet man den Strom ein, kann man mit einem Oszilloskop das Einschaltverhalten der Spule in einem Strom-Zeit-Diagramm beobachten. Die für die Berechnungen benötigten Stromstärken lassen sich aus diesem Diagramm ablesen.

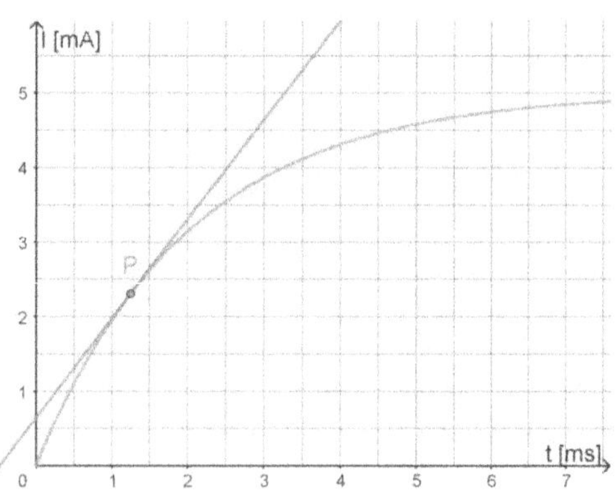

a) Erkläre, warum die Stromstärke nicht sofort ihren maximalen Wert von 5.0 mA erreicht. Berechne den ohmschen Widerstand R der Spule.

b) Berechne die induzierte Spannung U für t = 0 ms, t = 1.0 ms und t = 5.0 ms.

c) Berechne die Induktivität L der Spule unter Verwendung der Tangente, die im Diagramm für t = 1.25 ms eingezeichnet ist.

Aufgabe 15: Eine reale Spule mit der Induktivität L = 630 H und dem Widerstand R = 280 Ω wird an eine Spannungsquelle mit 21 V angeschlossen. Berechne die Energie des Feldes in der Spule.

Leuchtstoffröhren

Die beiden Elektroden einer Leuchtstofflampe haben einen
so grossen Abstand, dass die elektrische Feldstärke zu
gering ist, um eine spontane Ionisation hervorzurufen, die
nach einem Lawineneffekt das enthaltene Gasgemisch in
das notwendige Plasma verwandelt. Bei der Glimmlampe
des Starters ist dagegen der Elektrodenabstand ausreichend
gering, um bereits bei kleinen Spannungen die Zündung
einzuleiten. Bei einer Leuchtstofflampe muss zur Zündung
deshalb eine kurzzeitige Überspannung erzeugt werden.

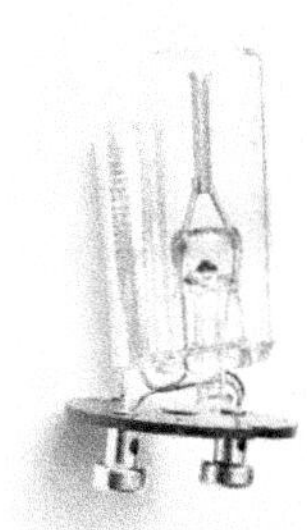
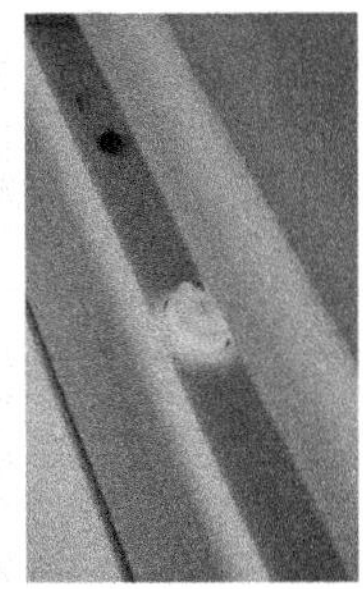

Das Bild zeigt den schematischen Aufbau einer Leuchtstofflampe,
deren Elektroden an einen Bimetallstarter und eine Spule sowie
der Spannungsquelle angeschlossen sind. Nach dem Einschalten
liegt die volle Spannung am Starter an, da die Gasfüllung der
Lampen noch nicht ionisiert wurde und daher kein Strom fliesst.

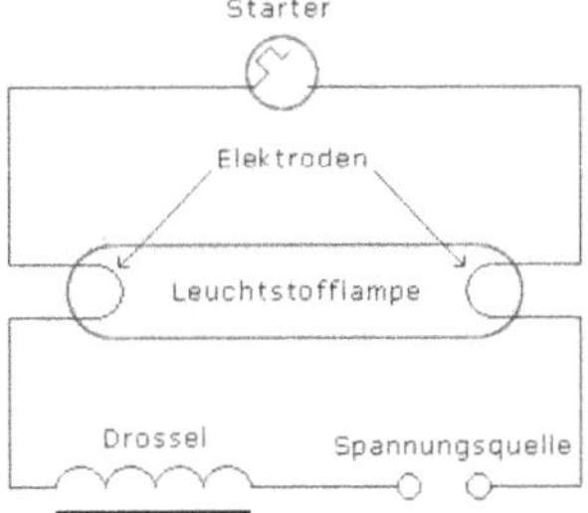

Die Elektroden der Glimmlampe des Starters berühren sich nicht,
sodass eine Glimmentladung zündet und die Bimetallstreifen der
Glimmlampe erwärmt werden.

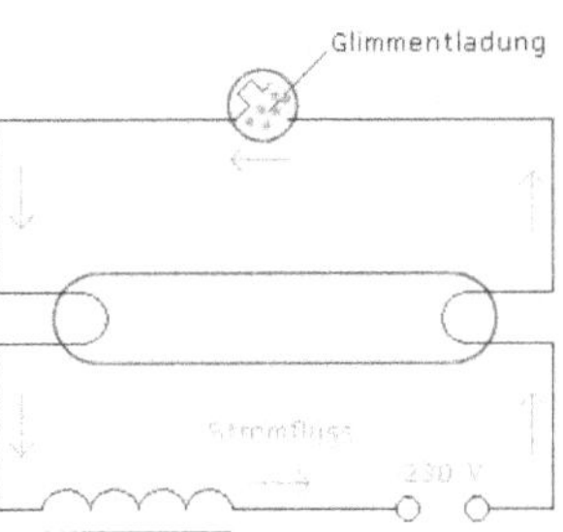

Die Bimetallstreifen bewegen sich durch die Erwärmung der
Glimmlampe, bis beide Elektroden der Glimmlampe kurzge-
schlossen sind und die Entladung erlischt. Dadurch fliesst ein
hoher Strom durch die Heizelektroden der Lampe und die Spule.
Die Wendeln beginnen zu glühen und emittieren Elektronen, die
die Gasfüllung in der Lampe mit Ladungsträgern anreichern.

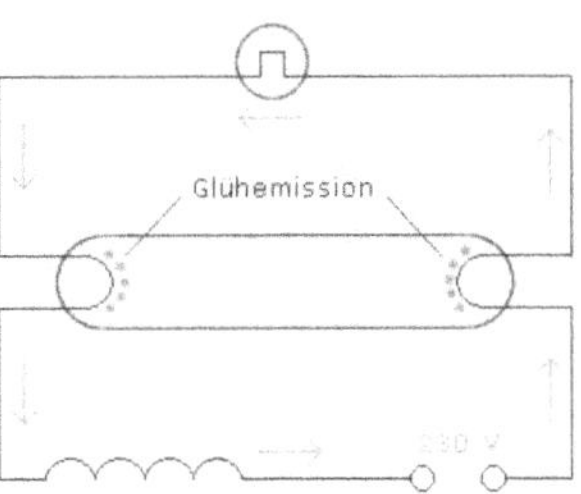

Die nun fehlende Glimmentladung führt zur Abkühlung der Elektroden in der Glimmlampe des Starters, wodurch sich der Bime-
tallkontakt wieder öffnet. Da die Glimmlampe und die noch nicht
gezündete Leuchtstofflampe einen hohen Widerstand besitzen,
fällt der Strom in der Spule schnell ab. Die dadurch hervorge-
rufene Selbstinduktion lässt eine hohe Spannung (600 – 2'000 V)
entstehen, die das mit Ladungsträgern angereicherte Gas in der
Lampe zündet. Der Strom fliesst nun durch das ionisierte Gas in
der Lampe, sie leuchtet.

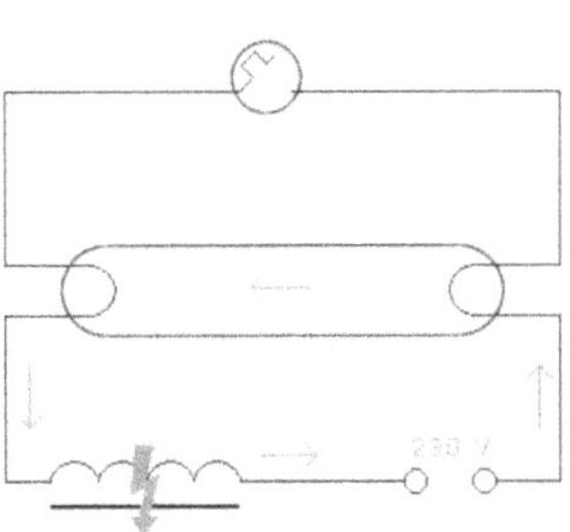

2. Elektrotechnik

Wechselstrom

Einphasenwechselstrom

Wechselstrom bezeichnet elektrischen Strom, der seine Richtung
(Polung) periodisch ändert und bei dem sich positive und negative
Augenblickswerte so ergänzen, dass der Strom im zeitlichen Mittel null
ist. Abzugrenzen ist der Wechselstrom vom Gleichstrom, der sich
(abgesehen von Schaltvorgängen) zeitlich nicht ändert. International
wird Wechselstrom häufig auf englisch mit „alternating current" oder mit
dem Kürzel AC bezeichnet. Im Gegensatz dazu steht DC für „direct
current", womit Gleichstrom gekennzeichnet wird.

Weltweit wird die elektrische Energieversorgung
am häufigsten mit sinusförmigem Wechselstrom
vorgenommen. Die Gründe für diese Bevorzugung
sind die einfache Erzeugung und einfache
Transformation der Wechselspannung.

Nebenstehend ist der Spannungsverlauf für sinusförmige Wechselspannung dargestellt. Dies gilt
analog auch für die Stromstärke.

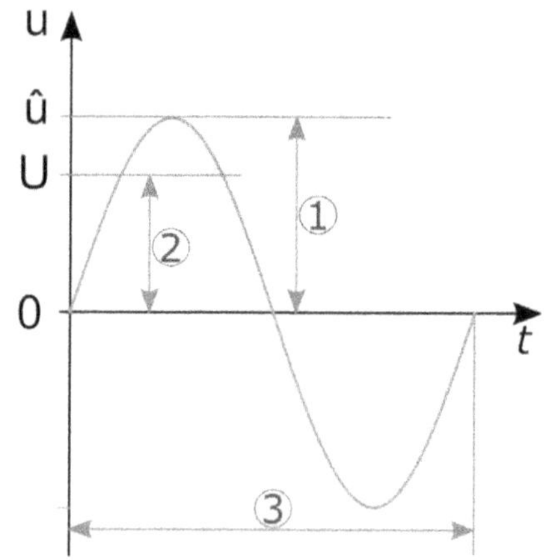

Wechselspannung und –strom:

$$u = \hat{U} \sin(\omega \cdot t)$$

$$i = \hat{I} \sin(\omega t)$$

Die bekannteste Wechselstrom-Frequenz ist 50 Hz, die Netzfrequenz der öffentlichen Elektrischen

Energieversorgung in der Europäischen Union und der Schweiz. Dieser Wechselstrom hat also eine

Periode ③ von T = 0,02 s.

Bei Spannung und Strom wird zwischen dem Scheitelwert û ① und

dem Effektivwert U ② unterschieden.

Der Scheitelwert û ist die höchste erreichbare Spannungshöhe (Amplitude). Der Effektivwert
(engl. root mean square, RMS) der Spannung U entspricht mathematisch der Wurzel aus dem
Mittelwert über das Quadrat der Spannungsfunktion während einer ganzen Zahl von Perioden.
Der Effektivwert entspricht jener Gleichspannung, bei der dieselbe Leistung an einen ohmschen
Verbraucher übertragen wird.

Für den Scheitelwert û bzw. î und den Effektivwert U bzw. I
von Spannung und Strom gilt:

$$U = \frac{\hat{u}}{\sqrt{2}} \qquad I = \frac{\hat{i}}{\sqrt{2}}$$

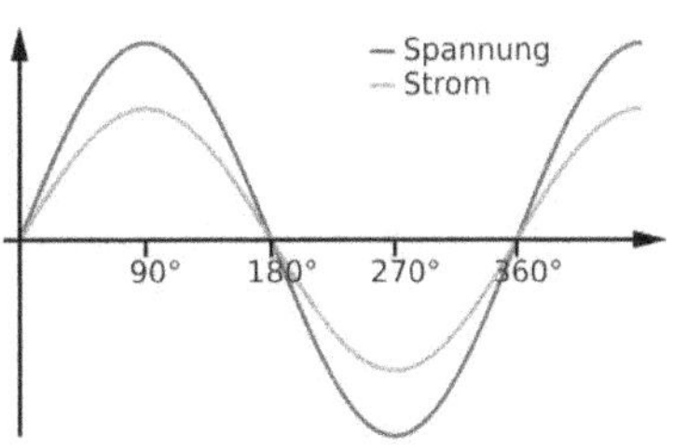

Mittlere Leistung $\overline{P}$

$$\overline{P} = \frac{1}{T} \int_0^T u \cdot i \, dt =$$

$$\frac{1}{T} \int_0^T \hat{u}\sin(\omega t)\,\hat{i}\sin(\omega t)\, dt =$$

$$\frac{1}{T}\,\hat{u}\,\hat{i} \int_0^T \sin^2(\omega t) =$$

$$\frac{1}{T}\,\hat{u}\,\hat{i}\;\tfrac{1}{2}\left[\omega t - \sin(\omega t)\cos(\omega t)\right]_0^T \frac{1}{\omega} =$$

mit $\omega = \frac{2\pi}{T}$

$$\frac{1}{T}\,\hat{u}\,\hat{i}\;\tfrac{1}{2}\left[\omega T - 0\right]\frac{1}{\omega} =$$

$$\tfrac{1}{2}\,\hat{u}\,\hat{i} = \frac{\hat{u}}{\sqrt{2}}\,\frac{\hat{i}}{\sqrt{2}} = U \cdot I$$

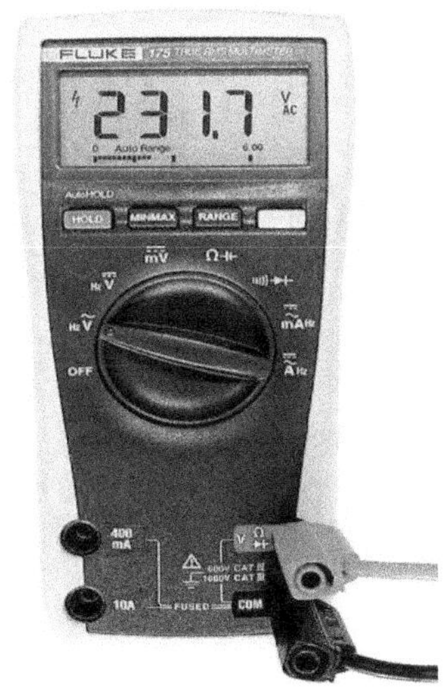

Die Netznennspannung (Effektivwert) zwischen dem Leiter und dem Neutralleiter beträgt in Europa
und der Schweiz 230 V ± 10%.

Aufgabe 16: Wie gross ist also die maximale Spannung im Stromnetz?

Dreiphasenwechselstrom

Als Dreiphasenwechselstrom (kurz als Dreh-
strom) wird in der Elektrotechnik eine Form von
Mehrphasenwechselstrom benannt, die aus
drei einzelnen Wechselspannungen gleicher
Frequenz besteht, die zueinander in ihren
Phasenwinkeln um 120° verschoben sind.

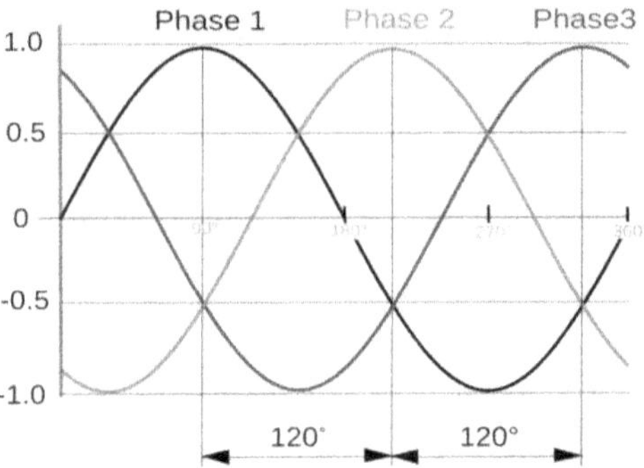

Beim Niederspannungsnetz in Europa werden
drei Phasen L1, L2 und L3 geliefert, also drei
Leitungen mit einer Spannung von 230 V
(Effektivwert) gegenüber dem Neutralleiter N.

In der *Sternschaltung* werden die drei Phasen
eines Drehstroms an jeweils einem Ende
zusammengeschaltet. Der so entstandene
Zusammenschluss bildet den Neutralpunkt. Bei
Drehstrommotoren und anderen symmetrischen
Lasten kann auf die Verbindung von Sternpunkt
und Neutralleiter verzichtet werden, da sich die
Ströme im Neutralpunkt aufheben. Die
Spannung über dem Verbraucher beträgt für
alle drei Phasen zum Neutralpunkt 230 V.

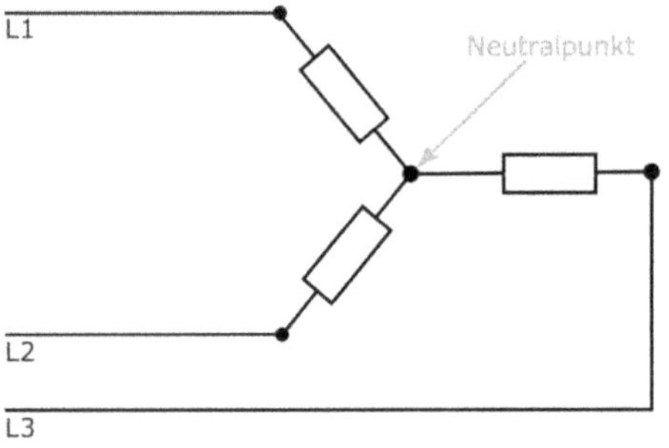

In der *Dreieckschaltung* werden die drei Verbraucher in einem Dreieck in Serie geschaltet.
Hierdurch entstehen drei Eckpunkte, an denen
die Phasen angeschlossen werden. Im Gegensatz zur Sternschaltung wird bei dieser Schaltung
kein Neutralleiter benötigt. Die Spannung über
den Verbrauchern – d.h. zwischen zwei Phasen
– beträgt $\sqrt{3} \cdot 230$ V $= 400$ V.

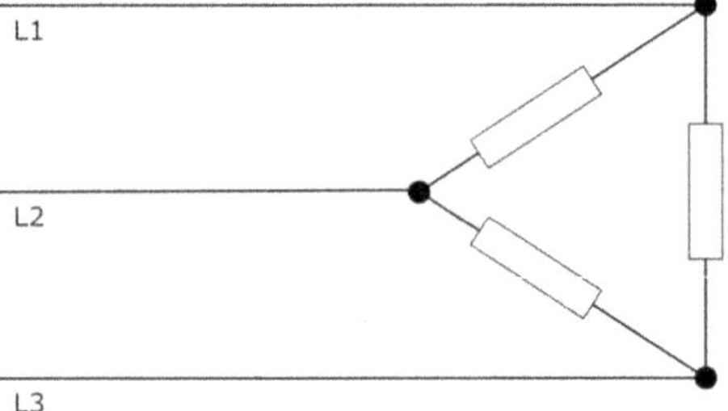

Anmerkungen:

- Die Leitung für den Neutralleiter kann oft weggelassen werden.
- Die Drehstromtechnik erlaubt die Übertragung derselben Leistung mit halb so viel Leitermaterial
  wie bei der Einphasen-Wechselstromtechnik.
- Die gewöhnlichen Haushaltssteckdosen haben immer nur eine der drei Phasen.
- Die Dreieckschaltung wird bei starken elektrischen Maschinen eingesetzt.

Farbcodierung:

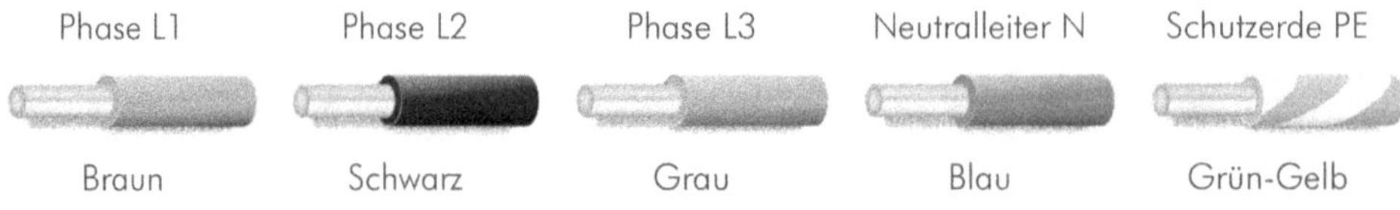

Aufgabe 17: Schaltungen im Dreiphasenstromnetz.

   a) Wie nennt man die abgebildeten Schaltungsarten im Dreiphasensystem?

   b) Welche Spannungen liegen im Niederspannungsnetz bei den beiden Schaltungen an den Widerständen R_1, R_2 und R_3 an?

   c) Welche der Schaltungen führt zu einer höheren Leistungsaufnahme, wenn alle Widerstände gleich gross sind $R_1 = R_2 = R_3$?

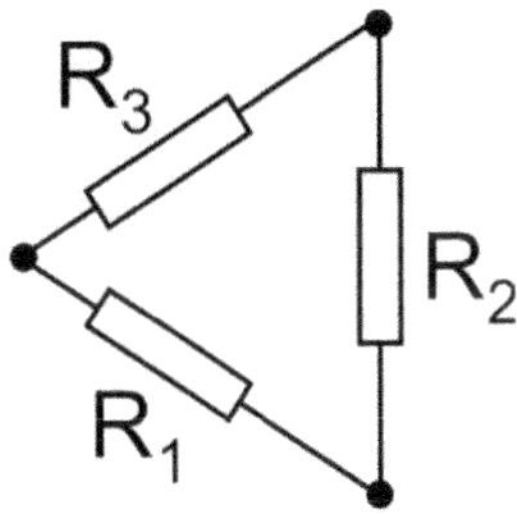
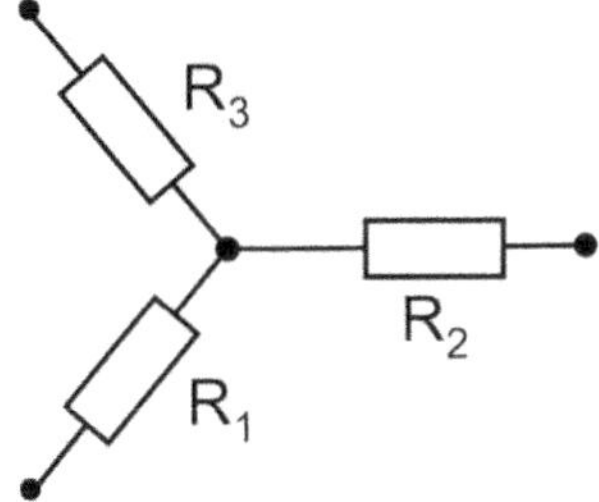

Aufgabe 18: Im Haushalt gibt es verschiedene Arten von Steckdosen. Links ist eine dreipolige Steckdose abgebildet, rechts eine fünfpolige, die mit – auf dem Bild leider nur schwer erkennbar – „230V/400V" beschriftet ist.

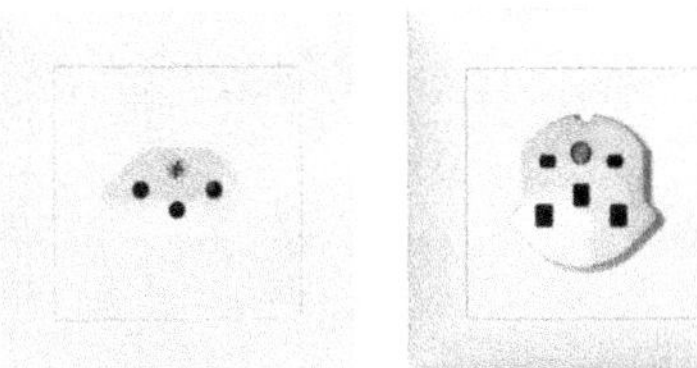

   a) Welche Leitungen sind an den drei Polen der linken Steckdose angeschlossen?

   b) Welche Leitungen sind an den fünf Polen der rechten Steckdose angeschlossen?

   c) Was bedeutet die Beschriftung „230V/400V"?

   d) Darf ein üblicher dreipoliger 230 V-Stecker in die fünfpolige Steckdose eingesteckt werden?

Aufgabe 19: An einer fünfpoligen Steckdose 230V/400V sind an den Phasen L1, L2 und L3 jeweils Glühlampen angeschlossen, die mit dem Neutralleiter N verbunden sind. Die Glühlampen geben bei einer Spannung von 230 V eine Leistung von 25 W ab.

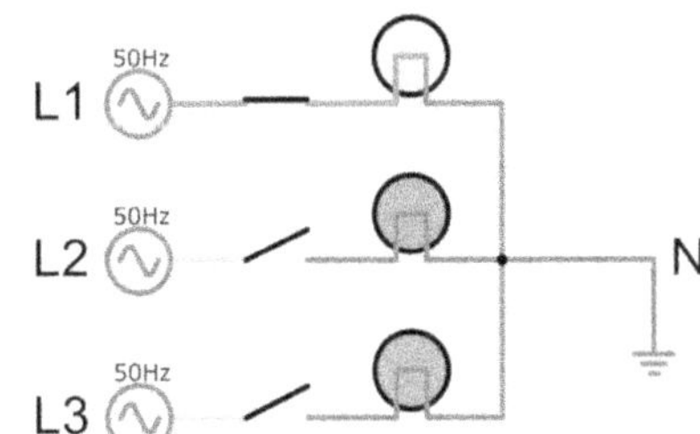

   a) Wie gross ist die Stromstärke im Neutralleiter, wenn nur ein Schalter geschlossen ist?

   b) Wie gross ist die Stromstärke im Neutralleiter, wenn alle Schalter geschlossen sind?

   c) Nachdem alle drei Schalter geschlossen wurden, wird die Verbindung zum Neutralleiter unterbrochen. Wie verhalten sich die drei Glühlampen?

Aufgabe 20: Beim Dreiphasenstrom beträgt die Spannung zwischen Phase und Neutralleiter 230 V. Die Spannung zwischen zwei Phasen ist grösser und beträgt $\sqrt{3} \cdot 230$ V $= 400$ V. Leite den Verkettungsfaktor $\sqrt{3}$ her.

Kabel, Schalter & Stecker

Kabel

Als Kabel wird allgemein ein mit Isolierstoffen ummantelter
ein- oder mehradriger Verbund von Adern (Einzelleitungen)
bezeichnet, welcher der Übertragung von Energie oder
Information dient. Als Isolierstoffe kommen üblicherweise
unterschiedliche Kunststoffe zur Anwendung, welche die als
Leiter genutzten Adern umgeben und gegeneinander iso-
lieren. Elektrische Leiter bestehen meist aus Kupfer.

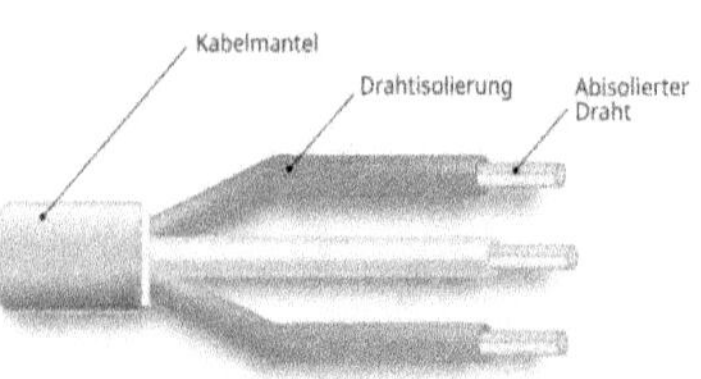

Der Kabelaufbau muss mehreren Erfordernissen entsprechen:

- kostengünstige Herstellung
- den Beanspruchungen bei der Installation (Zugfestigkeit, Biegeradius usw.)
- den Umwelt- und Betriebsbedingungen (Korrosion, Temperatur, Verkehrslasten usw.)
- dem Investitionszweck (Energie- oder Informationsübertragung usw.)

Das Dimensionieren von Kabeln kann sehr anspruchsvoll sein. Die für ein Kabel zulässige
Stromstärke hängt von vielen Kriterien ab:

- Temperaturbeständigkeit der Isolierung
- Querschnittsfläche der Leiter
- Anzahl der Leiter
- Umgebungstemperatur
- Verlegeart
- Anhäufung von Leitungen
- Betriebsspannung

Aufgabe 21: Um Brände durch Überhitzung der Stromleitungen zu vermeiden, müssen diese einen
ausreichend niedrigen Widerstand aufweisen. Bestimme den Durchmesser eines Kupferdrahts,
der bei einer maximalen Wärmeentwicklung von $2\ ^W/_m$ einen Strom von 20 A sicher führen
kann.

Aufgabe 22: Eine Maschine mit einer Leistung von 1'900 W wird über ein 30 m langes
Verlängerungskabel an eine 230 V-Steckdose angeschlossen. Der Strom fliesst durch die zwei
Kupferadern (Querschnitt 1.5 mm², kaltgezogen) hin und zurück.
   a) Welchen Widerstand hat das Verlängerungskabel?
   b) Welche Spannung steht der Maschine bei Verwendung des Verlängerungskabels noch zur
      Verfügung?
   c) Welche elektrische Leistung nimmt die Maschine unter diesen Bedingungen auf?
   d) Wie gross ist die Verlustleistung, die im Verlängerungskabel in Wärme umgewandelt wird?

Aufgabe 23: Eine Hochspannungsleitung transportiert eine Leistung von 1 GW bei einer Spannung
von 230 kV. Die Leitung hat eine Länge von 100 km und einen Durchmesser von 5 cm, das
Material ist kaltgezogenes Kupfer.
   a) Wie hoch ist der relative Leistungsverlust in der Leitung?
   b) Wie gross wäre der relative Verlust, wenn die Spannung nur 100 kV betragen würde?

Aufgabe 24: Die Länge einer Rolle isolierten Kupferdrahts (Kupfer-
lackdraht) ist unbekannt. Bei einer angelegten Spannung von
10 V fliesst ein Strom von 327 mA. Die Masse des Drahts
beträgt 10.1 kg. Bestimme die Länge des Drahts.

Aufgabe 25: Beim Bau von Hochspannungsleitungen sind der
Preis, das Gewicht und der elektrische Widerstand
entscheidende Faktoren.

a) Wie gross ist der elektrische Widerstand und die Masse einer
6.0 km langen Kupferleitung mit einem Durchmesser von 6.0
mm?

b) Welchen Durchmesser und welche Masse hat eine Aluminiumleitung gleicher Länge,
die den gleichen Widerstand wie die Kupferleitung aufweist?

Aufgabe 26: Um Europa mit Asien zu verbinden, überspannt eine Freileitung den Bosporus. Diese
besteht aus sechs Drahtseilen, die eine Leistung von 6.4 GW bei einer Spannung von 420 kV
übertragen können. Der Abstand zwischen den Masten beträgt 1884 m. Die Kabel haben
einen Querschnitt von 2'027 mm² und einen Widerstand von 0.0179 Ω pro Kilometer.

a) Wie gross ist die Leistung, die zwischen den beiden Masten verloren geht?

b) Wie gross ist der Durchmesser der Drahtseile?

c) Wie gross ist der spezifische Widerstand des Leitermaterials?

Schalter

Schalter sind eine Baugruppe, die mittels zweier elektrisch leitender Materialien oder eines Halbleiterbauelements eine elektrisch leitende Verbindung herstellen oder trennen. Idealerweise arbeitet er nach dem Alles-oder-nichts-Prinzip; das heisst, eine Betätigung führt immer eindeutig zu einem Schaltzustand offen oder geschlossen.

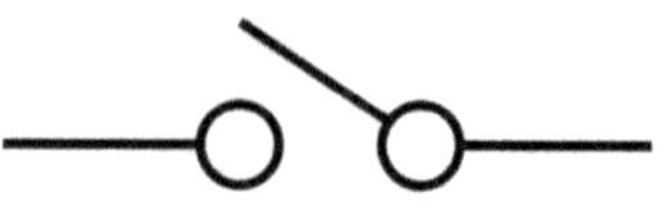

Schalter können direkt (sowie Kipp-, Druck- oder Drehschalter) oder indirekt mechanisch betätigt werden (Schwimm-, Endlagen- oder Druckschalter). Schalter können jedoch auch durch Wärme (Bimetallschalter, Bewegungsmelder), Magnetfelder (Reedschalter) oder durch Ströme (Relais) geschaltet werden.

Bimetallschalter

Bimetallschalter werden als Überhitzungsschutz in Geräten (z.B. Bügeleisen) eingesetzt. Sie arbeiten mit einem Bimetallstreifen (Verbund aus zwei Metallen mit unterschiedlichem Wärmeausdehnungskoeffizient). Der Streifen verbiegt sich und betätigt einen Schalter.

Reedschalter

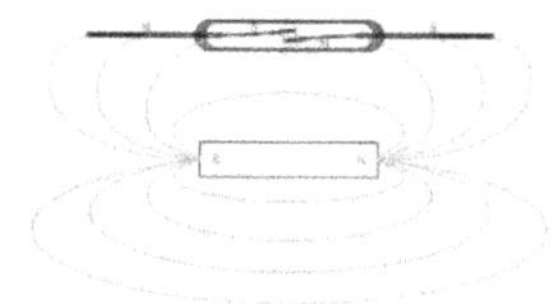

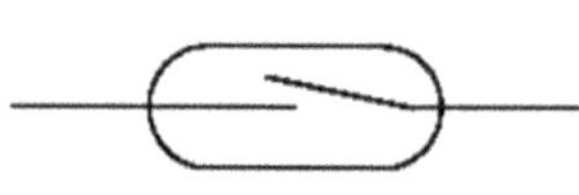

Ein Reedschalter sind in einem Glasrohr hermetisch eingeschmolzene Kontaktzungen, die durch ein Magnetfeld betätigt werden. Da der Schalter vollständig eingeschlossen ist, werden Reedschalter überall eingesetzt, wo der Schalter von der Umwelt getrennt werden muss (Marine, Medizin etc.)

Relais/Schütz

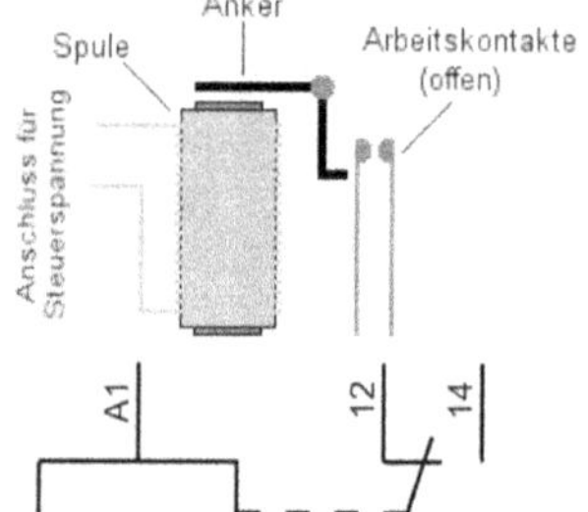

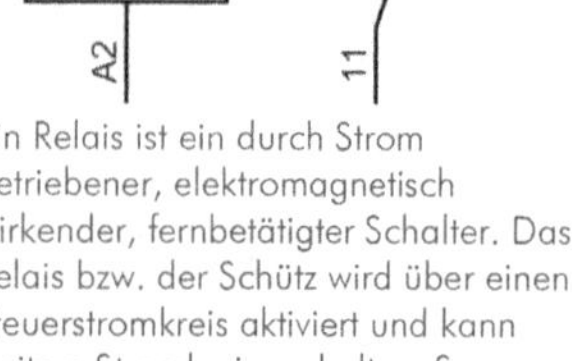

Ein Relais ist ein durch Strom betriebener, elektromagnetisch wirkender, fernbetätigter Schalter. Das Relais bzw. der Schütz wird über einen Steuerstromkreis aktiviert und kann weitere Stromkreise schalten. So können unter anderem hohe Leistungen geschaltet werden.

Stecker

Steckverbinder dienen zum Trennen und Verbinden von Leitungen. Die Verbindungsteile werden dabei durch Formschluss der Steckerteile passend ausgerichtet, durch Federkraft kraftschlüssig lösbar fixiert und oft durch Verschrauben zusätzlich gegen unbeabsichtigtes Lösen gesichert.

USB (Daten)	Typ J (Netz)	Cinch (Audio)	BNC (HF)
HDMI (Video)	RJ 45 (Daten)	Typ G (Netz)	Bananen (Geräte)
Klinken (Audio)	SATA (Daten)	VGA (Video)	Hohlstecker (Geräte)
Chip Socket (Daten)	TT89 (Telefon)	IDE (Daten)	Typ 25 (Netz)

Der Transformer

Ein Transformator (von lateinisch transformare ‚umformen, umwandeln'; kurz Trafo) wandelt eine
Eingangswechselspannung, die an einer der Spulen angelegt ist, in eine Ausgangswechsel-
spannung um, die an der anderen Spule abgegriffen wird. Er besteht meist aus zwei oder mehr
Spulen (Wicklungen), die in der Regel aus Kupferdraht gewickelt sind und sich auf einem
gemeinsamen Ferrit- oder Eisenkern befinden. Transformatoren dienen vielfach zur Spannungs-
wandlung in Energieversorgungsanlagen und in technischen Geräten, dabei insbesondere in
Netzteilen zur Bereitstellung von Kleinspannungen in vielen Arten von elektronischen Geräten.
Weiterhin werden sie bei der Signalübertragung und der Schutztrennung benötigt.

$$U_1 = -\dot{\Phi} = -\frac{d}{dt}\left(N_1\,A\,B\right)$$

$$= -A \cdot N_1 \cdot \dot{B}$$

$$U_2 = -A\,N_2\,\dot{B}$$

$$\frac{U_2}{U_1} = \frac{+\cancel{A}\cdot N_2 \cdot \cancel{\dot{B}}}{+\cancel{A}\cdot N_1 \cdot \cancel{\dot{B}}}$$

$$\frac{U_2}{U_1} = \frac{N_2}{N_1}$$

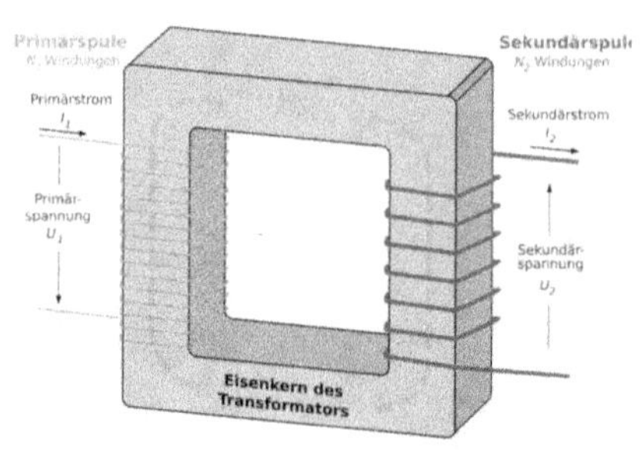

Für das *Verhältnis von Eingangs- und Ausgangsspannung* U_1 und U_2 gilt bei einem unbelasteten
Transformator mit N_1 und N_2 Windungen also:

$$\frac{U_2}{U_1} = \frac{N_2}{N_1}$$

Der Fehlerstrom-Schutzschalter

Fehlerstrom-Schutzschalter (FI-Schalter) sind entscheidend für die Sicherheit, da sie gefährlich hohe
Fehlerströme gegen Erde verhindern und somit das
Risiko lebensbedrohlicher Stromunfälle erheblich
reduzieren. Diese Schalter reagieren, wenn ein
bestimmter Differenzstrom überschritten wird, und
schalten den betroffenen Stromkreis sofort ab.

Differenzströme entstehen, wenn durch den men-
schlichen Körper oder über beschädigte Isolierungen
ein Fehlerstrom fliesst. Der FI-Schalter vergleicht die
Stromstärke des hinfliessenden und des zurückfliessenden Stroms. Im Regelbetrieb sollten diese gleich gross
sein. Dieser Vergleich findet in einem Transformator
statt, der die Summe beider Ströme (L und N) erfasst.
Die Primärwicklungen des Transformators sind so

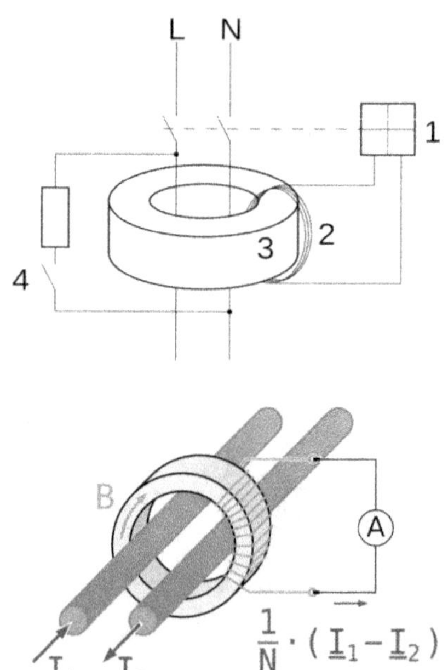

$$\frac{1}{N}\cdot\left(\underline{I}_1 - \underline{I}_2\right)$$

angeordnet, dass ihre Induktionswirkung sich normalerweise gegenseitig aufhebt, was dazu führt, dass kein Magnetfluss im Kern (3) induziert wird und somit kein Sekundärstrom fliesst.

Fliesst jedoch ein Teilstrom zur Erde (Fehlerstrom), ist die Summe der hin- und zurückfliessenden Ströme im Wandler nicht mehr null. Dies führt zur Erzeugung eines Sekundärstroms in der Auslösespule (2), der ein Schaltschloss (1) aktiviert, welches die Leitung abschaltet.

Die Funktionsfähigkeit des FI-Schalters kann mithilfe einer Prüftaste (4) überprüft werden. Typischerweise schalten diese Geräte den Strom bei einem Fehlerstrom von 10 mA innerhalb von weniger als 300 ms ab.

Aufgabe 27: In einem Netzgerät wird die Netzspannung mithilfe eines Transformators auf eine niedrigere Spannung umgewandelt und anschliessend gleichgerichtet. Die technischen Daten des Netzteils sind laut Aufschrift: $U_{in} = 230$ V, $I_{in} = 600$ mA, $U_{out} = 16$ V, $I_{out} = 3.4$ A.

   a) Wie gross sind der Scheitelwert und der Effektivwert der Sekundärspannung des Transformators?

   b) Wie viele Windungen hat die Sekundärspule, wenn die Primärspule 1'200 Windungen hat?

Aufgabe 28: Der Generator eines Kraftwerks liefert bei einer Spannung von 27 kV eine Leistung von 97 MW. Ein Transformator hebt diese Spannung auf 420 kV. Die elektrische Energie wird über eine Fernleitung aus Aluminium zu einer Stadt transportiert. Diese Fernleitung hat eine Gesamtlänge von 20 km und eine Querschnittsfläche von 120 mm^2.

   a) Wie viele Windungen hat die Primärspule des Transformators, wenn die Sekundärspule 2'800 Windungen hat?

   b) Wie gross sind die Primär- und Sekundärstromstärken, wenn der Wirkungsgrad des Transformators mit 95 % angenommen wird?

   c) Wie hoch ist der Leistungsverlust in der Fernleitung? Wie viel Prozent der vom Generator abgegebenen Leistung gehen also bis zur Stadt verloren?

   d) Wie viel Prozent der vom Generator abgegebenen Leistung würde bis zur Stadt verloren gehen, wenn auf die Spannungs-Transformation verzichtet würde?

3. Elektronik

Halbleiter

Halbleiter sind Festkörper, deren elektrischer Widerstand zwischen dem von Leitern und Isolatoren liegt. Zum Vergleich: Ein 1 m langer Kupferdraht mit einer Querschnittsfläche von 1 mm² hat einen Widerstand von etwa 0.01 Ω. Ein Glasdraht gleicher Abmessungen weist dagegen einen Widerstand von etwa 10^{14} Ω auf – das entspricht einem Unterschied von 16 Grössenordnungen. Kupfer ist ein typischer Leiter, während Glas zu den Isolatoren zählt. Halbleiter, wie z.B. Silizium, haben einen Widerstand, der zwischen diesen Extremen liegt. So hat ein gleich dimensionierter Siliziumdraht bei Raumtemperatur einen Widerstand von etwa 10^{9} Ω.

Ein weiteres wichtiges Merkmal von Halbleitern ist ihr negativer Temperaturkoeffizient des Widerstands (NTC). Das bedeutet, dass ihre Leitfähigkeit mit steigender Temperatur zunimmt. Es handelt sich also um Heissleiter. Auch Photonen können Elektronen vom Valenz- ins Leitungsband anheben und so den Widerstand reduzieren (LDR).

Das Bändermodell

Das Bändermodell ist ein Modell zur Beschreibung von elektronischen Energiezuständen in einem Kristall. Bei der Betrachtung der elektrischen Eigenschaften eines Kristalls ist es von Bedeutung, ob die Energieniveaus in den energetisch höchsten Energiebändern (dem Valenz- und dem Leitungsband) des Kristalls nichtbesetzt, teilweise oder voll besetzt sind. Die gute elektrische Leitfähigkeit von Metallen kommt durch das teilweise besetzte Leitungsband zustande. Ein Isolator hat ein nicht besetztes Leitungsband und eine so grosse Bandlücke, dass bei Raumtemperatur und auch bei deutlich höheren Temperaturen nur sehr wenige Elektronen vom Valenz- ins Leitungsband thermisch angeregt werden. Daher leitet ein solcher Festkörperkristall sehr schlecht. Ähnlich liegen die Verhältnisse bei einem kristallinen Halbleiter, jedoch ist die Bandlücke hier so klein, dass sie durch thermische Energiezufuhr oder Absorption eines Photons (Lichtteilchens) überwunden werden kann. Ein Elektron kann ins Leitungsband angehoben werden und ist hier beweglich. Zugleich hinterlässt es im Valenzband eine Lücke, die durch benachbarte Elektronen aufgefüllt werden kann. Somit ist im Valenzband die Lücke beweglich. Man bezeichnet sie auch als Loch. Bei Raumtemperatur weist ein Halbleiter dadurch eine geringe Eigenleitfähigkeit auf, die durch Temperaturerhöhung gesteigert werden kann. Die elektrische Leitfähigkeit von Halbleitern steigt aber steil mit der Temperatur an, so dass sie bei Raumtemperatur, je nach materialspezifischem Abstand von Leitungs- und Valenzband, mehr oder weniger leitend ist.

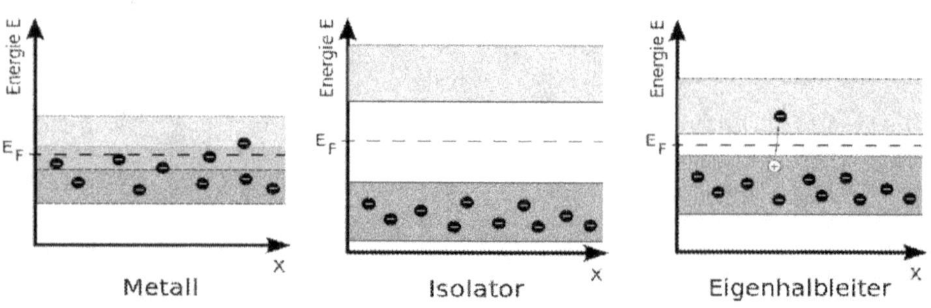

Die Dotation

Durch das Einbringen von Fremdatomen (Dotieren), die sich in ihrer Wertigkeit von den Atomen des Wirtsmaterials unterscheiden, kann die Leitfähigkeit und der Leitungscharakter (Elektronen- oder Löcherleitung) in weiten Bereichen gezielt verändert werden. Ein Beispiel dafür ist die Dotierung von Siliziumkristallen mit Bor oder Phosphor. Ein Siliziumkristall besteht aus vierwertigen Siliziumatomen, bei denen jedes Atom durch seine vier Valenzelektronen vier Atombindungen mit Nachbaratomen eingeht.

Bei der *n-Dotierung* (n steht für die negativ geladenen, frei beweglichen Elektronen, die durch die Dotierung entstehen) werden fünfwertige Elemente wie Phosphor, sogenannte Donatoren, in das Siliziumgitter eingebaut und ersetzen Siliziumatome. Ein fünfwertiges Element hat fünf Valenzelektronen, von denen nur vier zur Bildung von Atombindungen benötigt werden. Das überschüssige Elektron ist weitgehend frei beweglich und trägt zur Leitfähigkeit bei. An der Stelle des Donator-Atoms verbleibt eine ortsfeste positive Ladung.

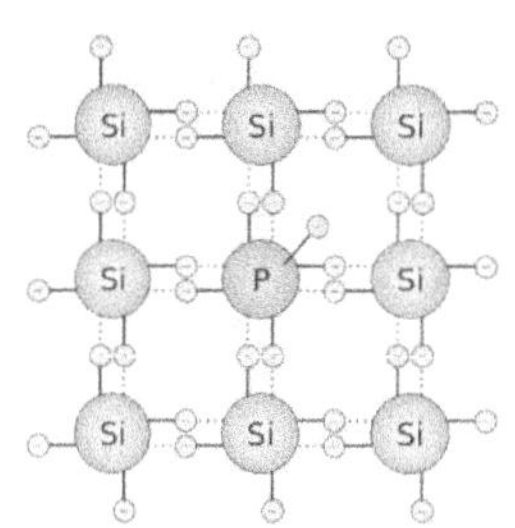

Bei der *p-Dotierung* (p steht für die positiv geladenen Löcher, die durch die Dotierung entstehen) werden dreiwertige Elemente wie Aluminium, sogenannte Akzeptoren, in das Siliziumgitter eingebracht. Diese haben nur drei Valenzelektronen für Atombindungen, wodurch eine Elektronenfehlstelle – ein „Loch" – entsteht. Diese Löcher verhalten sich wie frei bewegliche positive Ladungsträger. Beim Anlegen einer Spannung beginnend die Löcher zu wandern. Dabei springt ein Elektron aus einer benachbarten Atombindung, um ein Loch zu füllen, und hinterlässt dabei ein neues Loch. An der Position des Akzeptor-Atoms bleibt eine ortsfeste negative Ladung zurück, während die freibeweglichen Löcher eine positive Ladung tragen. Die Bewegung der Löcher erfolgt entgegengesetzt zur Bewegung der Elektronen und somit in Richtung der technischen Stromrichtung.

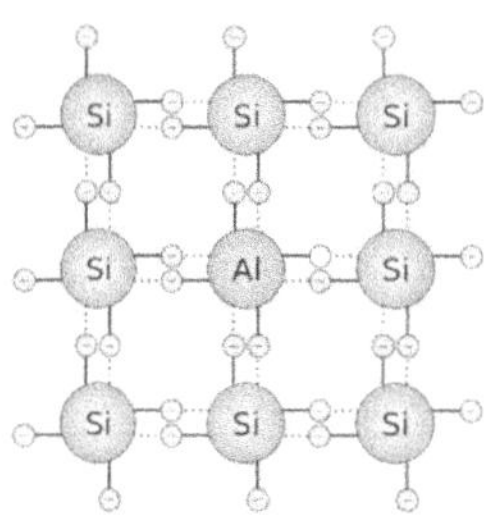

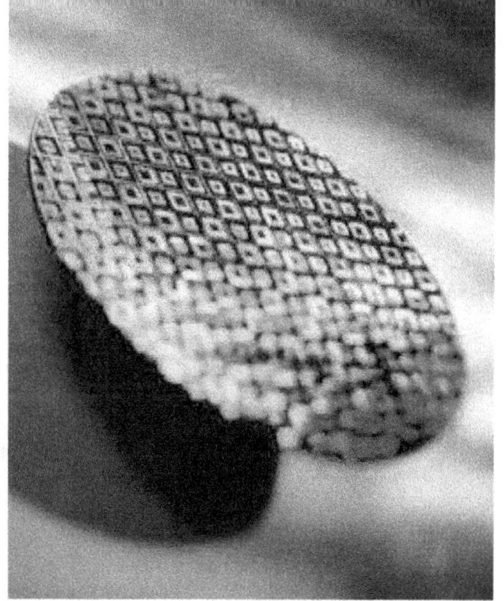

Dioden

Eine Diode ist ein elektronisches Bauelement auf
Halbleiterbasis, das elektrischen Strom in einer Richtung
passieren lässt und in die andere Richtung sperrt. Sie
hat eine Durchlassrichtung und eine Sperrrichtung.

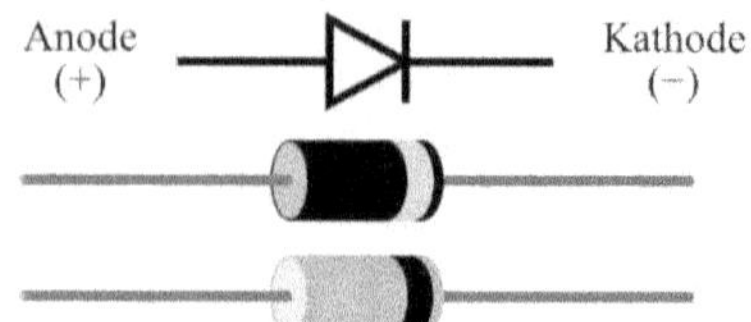

Funktionsweise

Eine Halbleiter-Diode besteht aus einem Übergang zwischen einem p- und einem n-dotierten
Halbleiter. Im p-dotierten Halbleiter bewegen sich positive Löcher (dargestellt durch weisse Kreise),
während sich im n-dotierten Halbleiter negative Elektronen be-
wegen (rote Kreise). Wird der p-dotierte Halbleiter mit dem
n-dotierten in Kontakt gebracht, wandern an der Grenzschicht
die Elektronen aus dem n-Bereich in die Löcher des p-Be-
reichs. Dadurch bildet sich eine Zone, die frei von beweglichen
Ladungsträgern ist – diese wird als Sperrschicht (depletion
layer) bezeichnet.

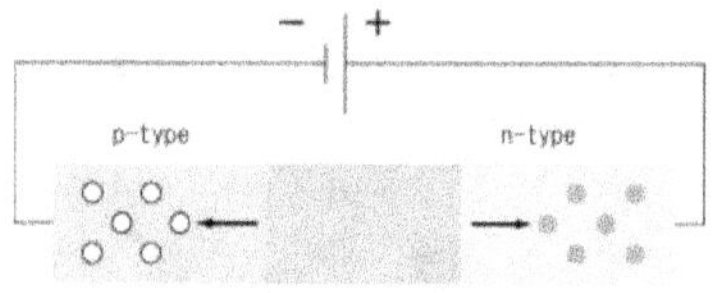

Wird eine negative Spannung am p-dotierten und eine positive
Spannung am n-dotierten Halbleiter angelegt, bewegen sich
die Löcher in Richtung des negativen und die Elektronen in
Richtung des positiven Pols. Dadurch verbreitert sich die Sperrschicht, was zur Folge hat, dass die Diode keinen Strom leitet.

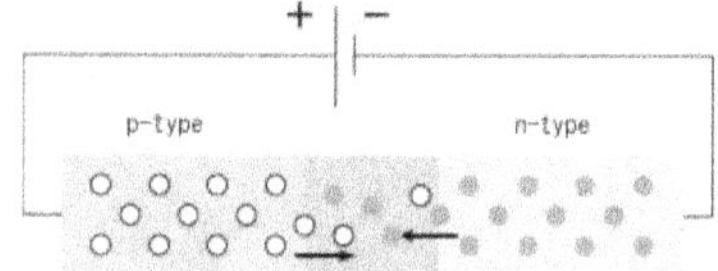

Wird die Diode jedoch mit umgekehrter Polung an eine Quelle
angeschlossen, so leitet sie. Dabei bewegen sich sowohl die
Löcher als auch die Elektronen zur Sperrschicht hin, wo sie
rekombinieren. Gleichzeitig strömen neue Ladungsträger von
der Spannungsquelle in den Halbleiter und wandern ebenfalls
zur Sperrschicht, wo sie kontinuierlich rekombinieren.

Strom-Spannungs-Kennlinie

Die Strom-Spannungs-Kennlinie beschreibt das Verhalten
einer Diode. Die Kennlinie teilt sich dabei in drei Abschnitte:
den Durchlass-, den Sperr- und den Durchbruchbereich.
Wenn man die Kennlinie betrachtet, fliesst im Durchlass-
bereich anfangs trotz anliegender Spannung kein merklicher
Strom I_F durch die Diode. Erst ab einer Spannung von etwa
0.5 V beginnt bei Si-Dioden der Strom merklich anzusteigen.
Ab etwa 0.6 V bis 0.7 V nimmt dann der Strom stark zu, und
man spricht deswegen von der Schwellenspannung U_S. Im
Sperrbereich fliesst ein sehr geringer Strom, der sogenannte
Leckstrom I_R. Je nach Dotierung beginnt bei Si-Dioden bei
U_{BR} −50 V bis −1000 V der Durchbruchbereich und die Diode
wird in Sperrrichtung leitend.

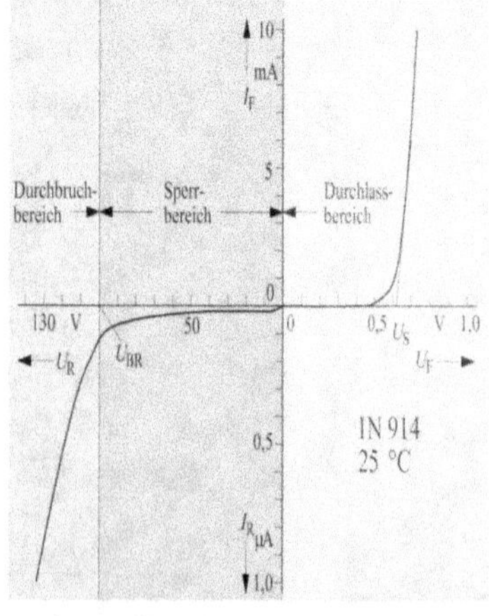

Anwendungen

Bei Wechselstrom lässt sich aufgrund dieser Eigenschaft mit
Dioden eine Gleichrichtung, also eine Umwandlung in
Gleichstrom, erreichen. Gleichrichter werden in der Elektrotechnik und Elektronik zur Umwandlung von Wechselspannung in Gleichspannung verwendet. Die Funktion einer
Gleichrichterdiode im Stromkreis kann man sich am
einfachsten wie ein Rückschlagventil im Wasserkreislauf
vorstellen: Wenn ein Druck (eine Spannung) auf dieses
Ventil (Diode) in Sperrrichtung wirkt, wird der Wasser-
(Strom-)fluss blockiert. In Durchlassrichtung muss der Druck
(die Spannung) gross genug werden, um die Federkraft des
Ventils (= Schwellen- oder Schleusenspannung der Diode)
zu überwinden. Dadurch öffnet das Ventil (die Diode), und
der Strom kann fliessen.

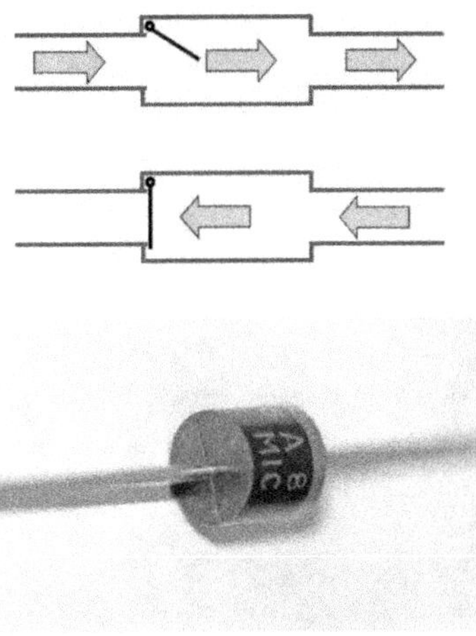

Eine Leuchtdiode (kurz LED von englisch light-emitting
diode) ist ein Halbleiter-Bauelement, das Licht ausstrahlt,
wenn elektrischer Strom in Durchlassrichtung fliesst. In
Gegenrichtung sperrt die LED den Strom. Somit entsprechen die elektrischen Eigenschaften der LED denjenigen
einer Diode. Die Wellenlänge des emittierten Lichts hängt
vom Halbleitermaterial und der Dotierung der Diode ab:
Das Licht kann für das menschliche Auge sichtbar oder im

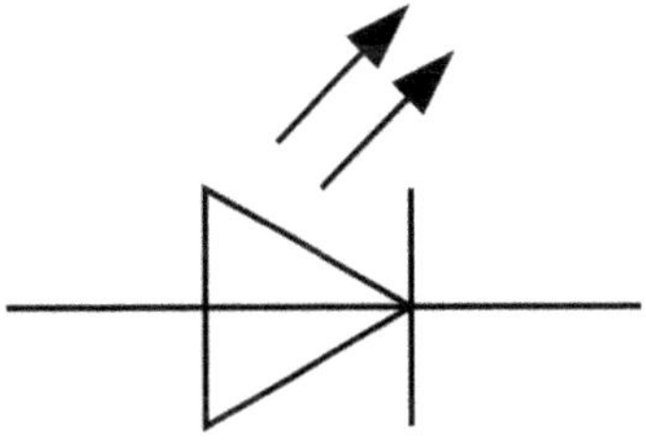

Bereich von Infrarot- oder Ultraviolettstrahlung sein. In den ersten drei Jahrzehnten seit ihrer
Markteinführung 1962 diente die LED zunächst als Leuchtanzeige und zur Signalübertragung (z.B.
Fernsteuerungen für Fernseher). Durch technologische Verbesserungen wurde die Lichtausbeute
immer grösser, es wurden blaue und auf deren Basis auch weisse LEDs entwickelt, und Mitte der
2000er Jahre kamen LED-Leuchtmittel auf den Markt. Diese sind heute weit verbreitet und haben
andere Leuchtmittel im Alltagsgebrauch zu einem grossen Teil verdrängt.

Eine Laserdiode ist ein Halbleiterbauelement, das ähnlich wie eine Leuchtdiode funktioniert, jedoch
einen gebündelten Laserstrahl erzeugt.

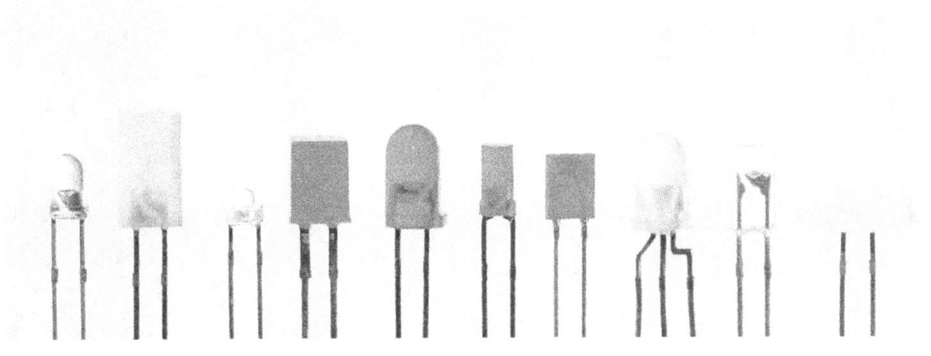

Transistoren

Ein Transistor ist ein elektronisches Halbleiter-
Bauelement zum Steuern meistens niedriger elektrischer Spannungen und Ströme. Er ist der weitaus
wichtigste „aktive" Bestandteil elektronischer Schaltungen, der beispielsweise in der Nachrichtentechnik,
der Leistungselektronik und in Computersystemen
eingesetzt wird. Ein Transistor ist im Wesentlichen
ein Strom gesteuerter Widerstand, daher das
Kofferwort *trans*fer re*sistor*. Transistoren dienen als
Verstärker oder als Schalter. Mit Schaltern lassen sich
logische Gater und somit Prozessoren realisieren.

Funktionsweise

Der (Bipolar-)transistor wird durch einen elektrischen Strom angesteuert. Die Anschlüsse
werden mit Basis, Emitter, Kollektor bezeichnet
(im Schaltbild abgekürzt durch die Buchstaben B,
E, C). Ein kleiner Steuerstrom auf der Basis-
Emitter-Strecke führt zu Veränderung der
Ladungsdichte in der p-dotierten Zone im Inneren
des Transistors und kann dadurch einen grossen
Strom auf der Kollektor-Emitter-Strecke steuern. Ohne Ansteuerung
mittels eines kleinen Stromes durch die Basis-Emitter-Strecke sperrt
der Transistor auf der Kollektor-Emitter-Strecke.

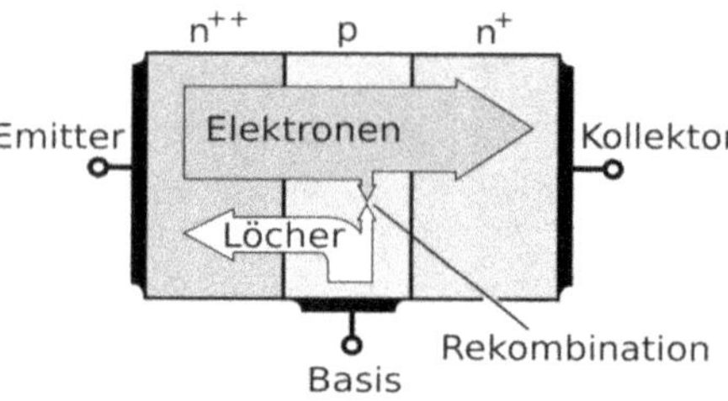

Im Schaltsymbol ist der Anschluss Emitter (E) mit einem kleinen
Pfeil versehen. Der Pfeil beschreibt die technische Stromrichtung
(Bewegung gedachter positiver Ladungsträger) am Emitter.

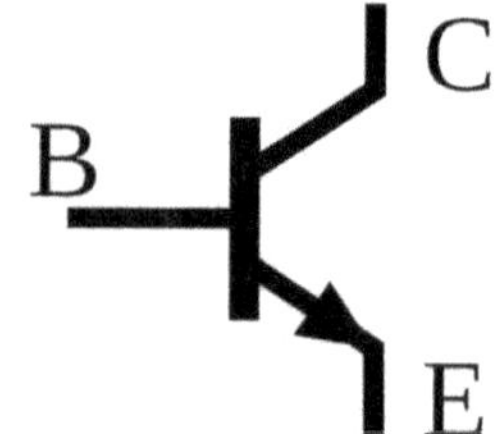

Werden alle Transistoren in sämtlichen bislang hergestellten Schalt-
kreisen wie Arbeitsspeicher, Prozessoren usw. zusammengezählt, ist
der Transistor diejenige technische Funktionseinheit, die von der
Menschheit in den höchsten Gesamtstückzahlen produziert wurde
und wird. Moderne integrierte Schaltungen, wie die in Personal
Computern eingesetzten Mikroprozessoren, bestehen aus vielen
Millionen bis Milliarden Transistoren, so besitzt die 2022 veröffentlichte Grafikkarte RTX 4090 76.3 Milliarden Transistoren.

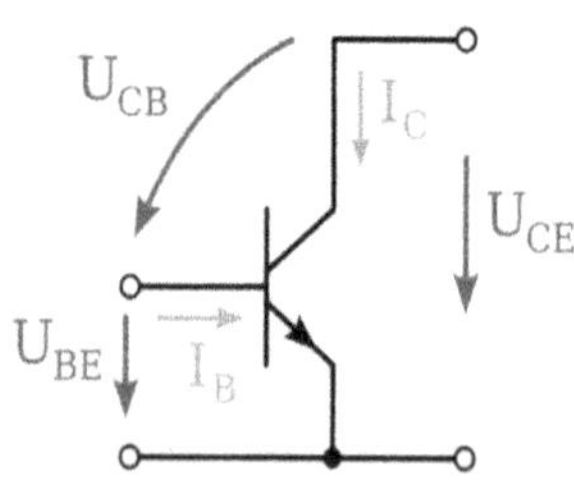

Kennlinien

Nebenstehend ist das Zweiquadrantenkenn-
linienfeld eines Transistors abgebildet – es
sind die Übertragungs- (I_C vs. I_B) und die
Ausgangskennlinie (I_C vs. U_{CE}) dargestellt.

Durch einen elektrischen Strom I_B zwischen
Basis und Emitter wird ein stärkerer Strom I_C
zwischen Kollektor und Emitter gesteuert.
Das Verhältnis der beiden Ströme liegt je
nach Transistortyp im Bereich von etwa
4 bis 1'000.

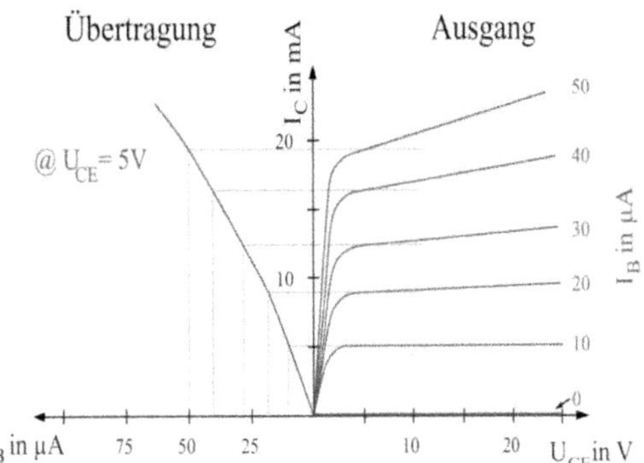

Dieses Verhalten ist im Wassermodell vergleichbar mit einem flussabhängigen Ventil. Dieses
Modell ist stark vereinfacht.

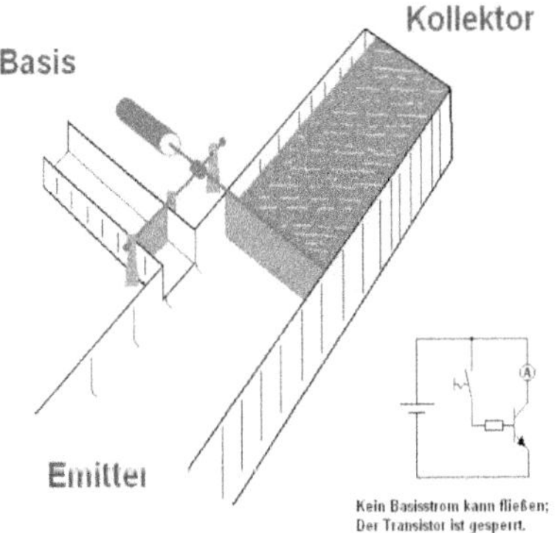

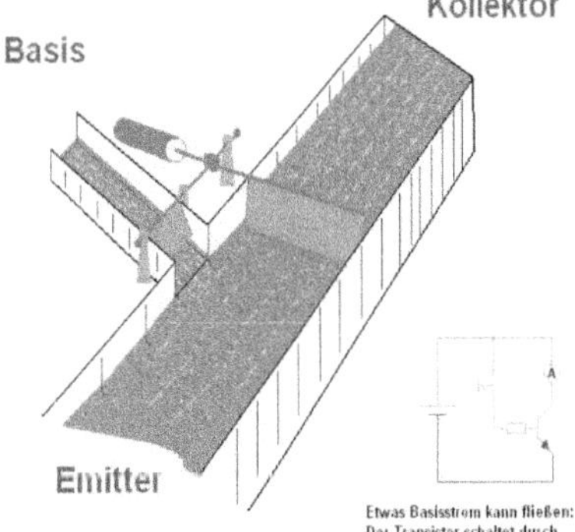

Wichtige Schaltungen

Kondensator (Kapazität C)

Aufgabe 29: Baue die nebenstehende Kondensatorschaltung auf und analysiere den zeitlichen Verlauf der Spannung U über dem Kondensator C experimentell. Alternativ kannst Du die Schaltungen auch simulieren (z.B. mit dem *Falstad Circuit Simulator*). Es ist auch möglich, die dazugehörigen Differentialgleichungen aufzustellen und zu lösen. Der Kondensator wird mit einer Gleichspannungsquelle (U = 5 V) geladen (Schalter in Position 1) . Zur Zeit t = 0 s ist der Kondensator vollständig geladen $U_C = U_0 = U$ und der Schalter wird in die Position 2 umgelegt. Es gilt: R = 100 Ω und C = 200 µF.

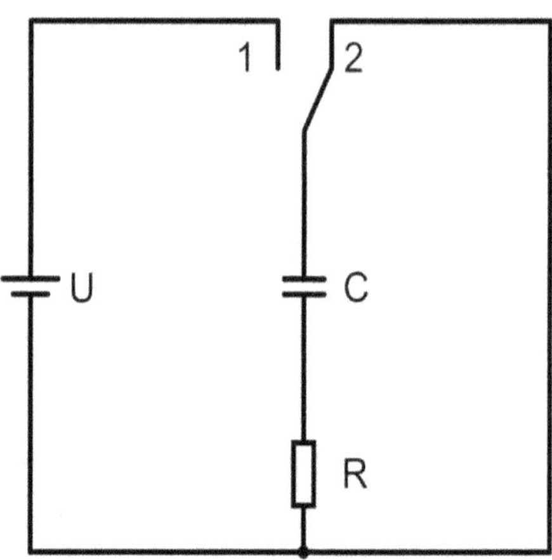

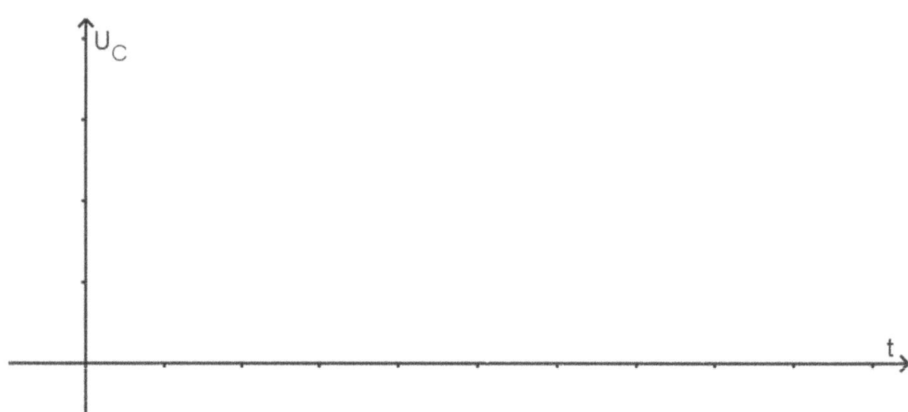

Die Spannung über einem Kondensator C nimmt beim *Entladen* über einen Widerstand R ....*exponentiell*.... ab. Es gilt $U_c = U_0 \, e^{-t/\tau}$ .... mit der

Zeitkonstanten $\tau = $ ....$R \cdot C$.... und U_0 der Spannung zur Zeit t = 0 s.

Die Spule (Induktivität L)

Aufgabe 30: Baue die nebenstehende Spulen-
schaltung auf und analysiere den zeitlichen
Verlauf der Spannung U über der Spule L
experimentell. Alternativ kannst Du die Schaltungen auch simulieren (z.B. mit dem *Falstad
Circuit Simulator*). Es ist auch möglich, die
dazugehörigen Differentialgleichungen aufzustellen und zu lösen. Die Spannungsquelle
(U = 5 V) erzeugt einen Strom durch die
Spule und den Widerstand (Schalter in Position 1). Zur Zeit t = 0 s fliesst eine Gleichstrom von 5 mA. Nun wird der Schalter in die
Position 2 umgelegt. R = 100 Ω und L = 3 H.

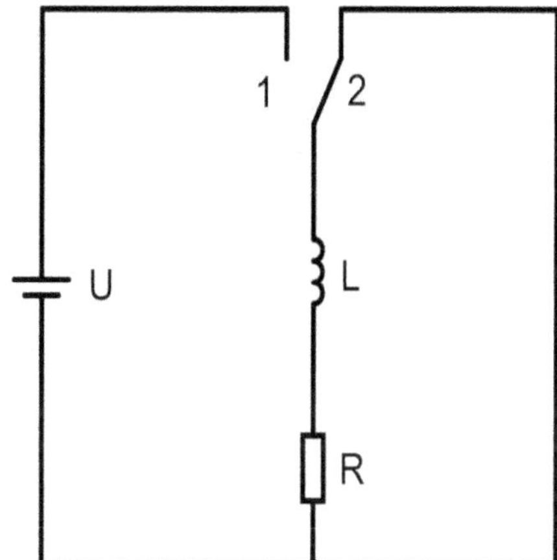

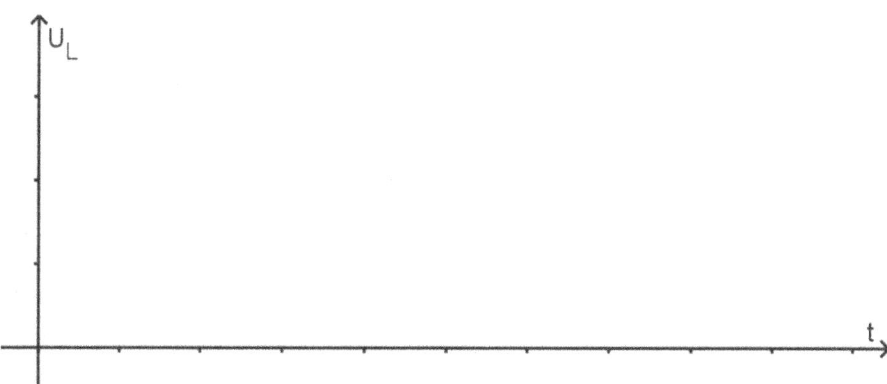

Beim Ausschalten einer Spule L kommt der Strom nicht unmittelbar zum Erliegen. Es wird eine

Gegenspannung aufgebaut, die ..... *exponentiell* ...... abklingt.

Diodenschaltungen

Aufgabe 31: Baue die folgenden Schaltungen auf und analysiere den zeitlichen Verlauf der Spannung U über dem Widerstand R experimentell. Alternativ kannst Du die Schaltungen auch simulieren (beispielsweise mit dem *Falstad Circuit Simulator*). Es wird eine sinusförmige Wechselspannungsquelle verwendet ($\hat{u}$ = 5 V, f = 40 Hz).

a) Eine Diode (R = 100 Ω)

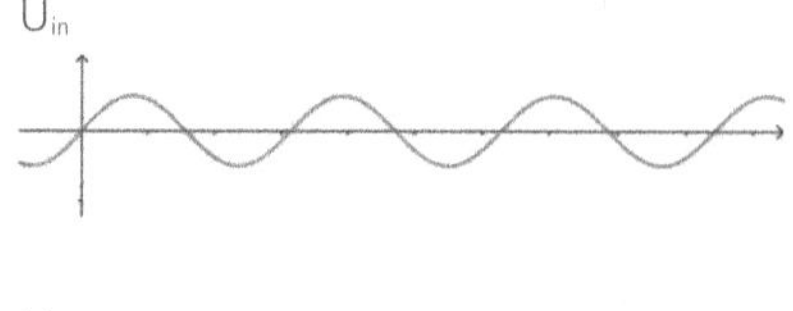

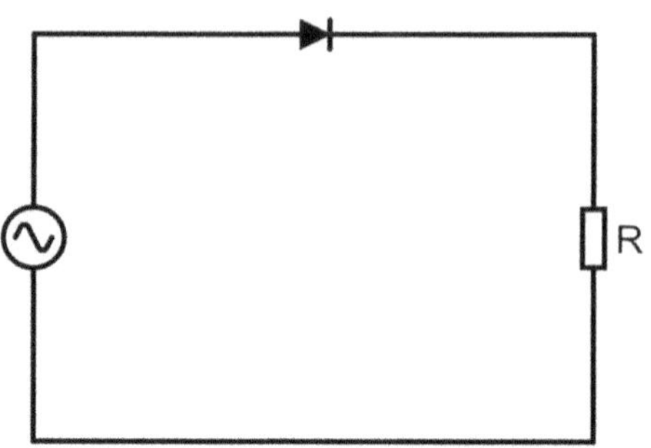

b) Graetzschaltung (R = 100 Ω)

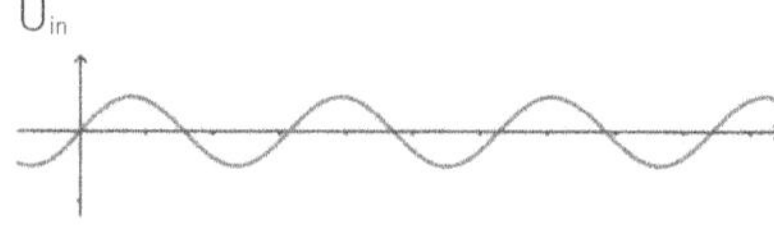

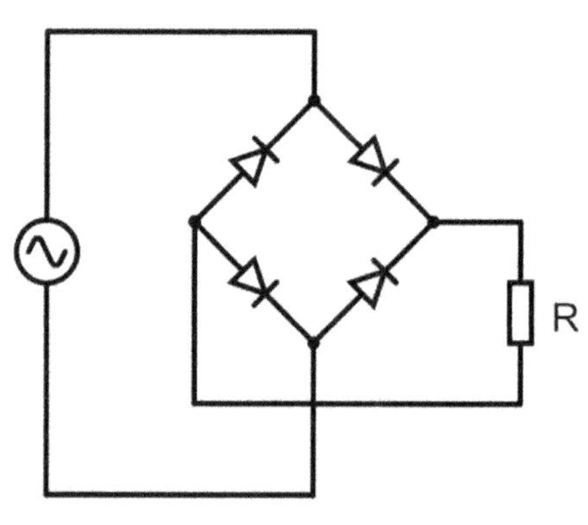

c) Graetzschaltung mit Kondensator
(R = 100 Ω, C = 400 µF

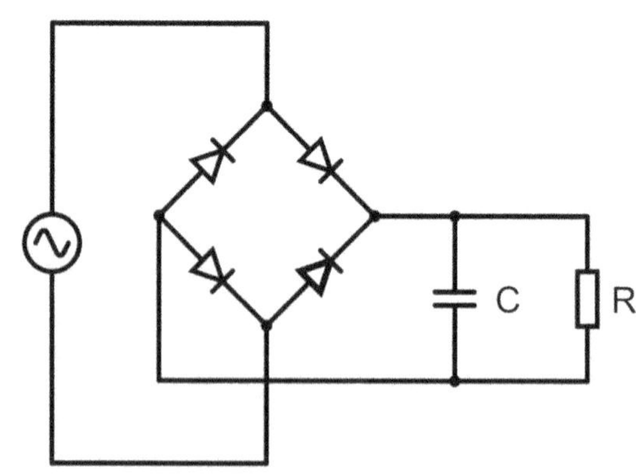

Dioden dienen zum …Gleichrichten…… von Strömen.

LC-Glied

Aufgabe 32: Baue die nebenstehende LC-Schaltung auf und analysiere den zeitlichen Verlauf der Spannung U über dem Kondensator C experimentell. Alternativ kannst Du die Schaltungen auch simulieren (z.B. mit dem *Falstad Circuit Simulator*). Es ist auch möglich, die dazugehörigen Differentialgleichungen aufzustellen und zu lösen oder die Schaltung mit Hilfe von komplexen Impedanzen zu analysieren. Der Kondensator wird mit einer Gleichspannungsquelle (U = 5 V) geladen (Schalter in Position 1). Zur Zeit t = 0 s ist der Kondensator vollständig geladen $U_C = U_0$ = U und der Schalter wird in die Position 2 umgelegt. Es gilt: L = 1 H und C = 15 µF.

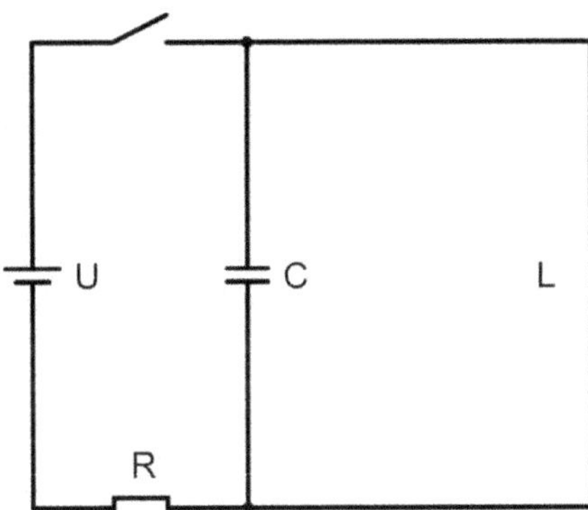

Bei einem *Schwingkreis* aus einer Spule L und einem Kondensator C schwingt die Spannung über dem Kondensator C ....harmonisch.......... .

Es gilt U_c = ..$U_0 \cos(\omega \cdot t)$....... mit der Kreisfrequenz ω = ...$\sqrt{L \cdot C}$........

und U_0 der Spannung zur Zeit t = 0 s (Amplitude).

RC-Glied

Aufgabe 33: Baue die nebenstehende RC-Schaltung auf und studiere die Amplitude der
Spannung U über dem Kondensator C und dem Widerstand experimentell. Alternativ kannst

Du die Schaltungen auch simulieren (z.B. mit
dem *Falstad Circuit Simulator*). Es ist auch
möglich, die dazugehörigen Differentialgleichungen aufzustellen und zu lösen oder
die Schaltung mit Hilfe von komplexen Impedanzen zu analysieren. Die Spaltung wird mit
einer Wechselspannungsquelle ($\hat{u}$ = 5 V)
betrieben. Variiere dabei die Frequenz der
Spannungsquelle von f = 0 bis f = 1'000 Hz.
Es gilt: R = 100 Ω und C = 10 μF.

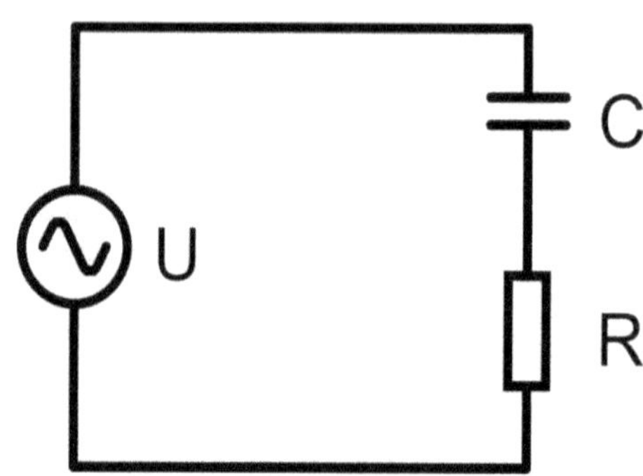

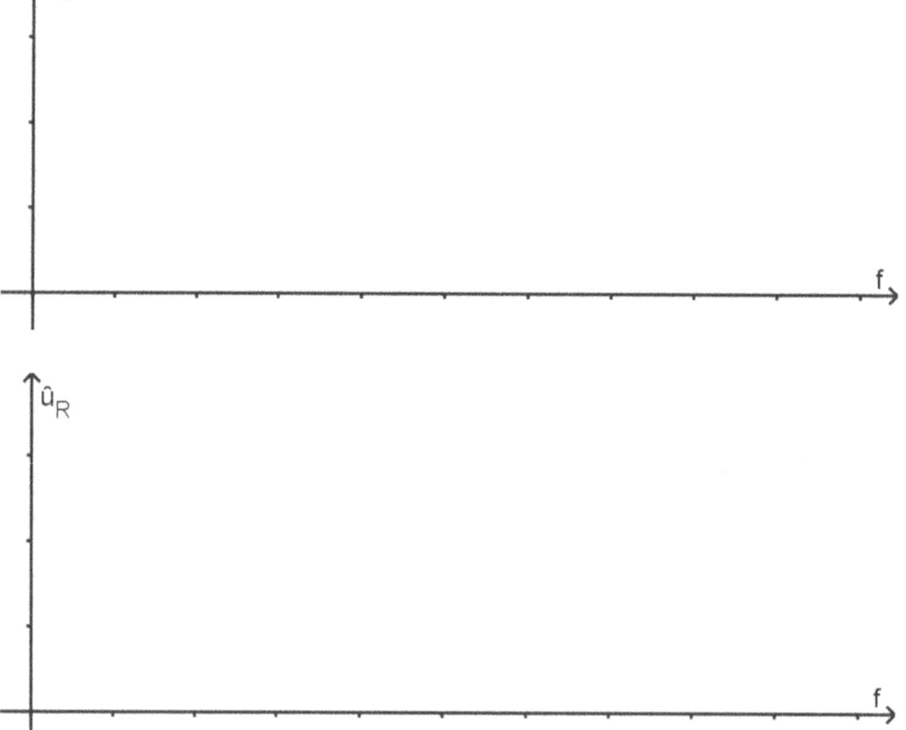

Ein RC-Glied ist eine Schaltung, die aus einem Widerstand R und einem Kondensator C

aufgebaut ist. RC-Glieder sind .....Hoch.–....b.zw....Tief.pass.filter.....

Als Tiefpass bezeichnet man Filter, die Signalanteile mit Frequenzen unterhalb ihrer Grenz

frequenz annähernd ungeschwächt passieren lassen, Anteile mit höheren Frequenzen dagegen

dämpfen. Der Hochpass hingegen lässt ..hohen....... Frequenzen ungeschwächt passieren.

Lösungen

1. a) $R = 6.1538\ \Omega$.
   b) $I = 1.95\ A$
   $I_7 = 1.2\ A \qquad I_{10} = 0.75\ A$
   $I_6 = 0.6\ A \qquad I_{12} = 0.375\ A$
   $I_5 = I_7 = 0.375\ A$

2. a) $R = R_2 \qquad$ für $R_1 = \infty\ \Omega$
   $R = 0\ \Omega \qquad$ für $R_1 = 0\ \Omega$
   b) $R = \infty\ \Omega \qquad$ für $R_1 = \infty\ \Omega$
   $R = R_2 \qquad$ für $R_1 = 0\ \Omega$
   c) $R = 0\ \Omega \qquad$ ist ein Kurzschluss
   $R = \infty\ \Omega \qquad$ ist ein Unterbruch

3. Grossen Glühbirne: $R_1 = 353\ \Omega$, $P_1 = 144\ W$
   Kleine Glühlampe: $R_2 = 6.75\ \Omega$, $P_2 = 2.8\ W$

4. a) $I_{ideal} = 6\ A$, $U_{ideal} = 12\ V$
   $I_{real} = 5.71\ A$, $U_{real} = 11.43\ V$
   b) $I_{ideal} = 0\ A$, $U_{ideal} = 12\ V$
   $I_{real} = 0\ A$, $U_{real} = 12\ V$
   c) $I_{ideal} = \infty\ A$, $U_{ideal} = 0\ V$
   $I_{real} = 120\ A$, $U_{real} = 0\ V$

5. $U = 11.8\ V$ (nur das Licht)
   $U = 10.2\ V$ (Licht und Anlasser)

6. a) $R_i = 195.7\ \Omega$
   b) Die Leistung wird maximal für $R_a = R_i$
   c) $P = 0.169\ W$

7. $t = 5\ ms$

8. a) $C = 46\ pF$
   b) $Q = 0.325\ \mu C$
   $N = 2.03 \cdot 10^{12}$ Elektronen
   c) $E = 0.875\ MN/C$
   d) $W = 1.14.\ mJ$
   e) $w = 3.39\ J/m^3$

9. a) $r = 19.0\ cm$
   b) $q = 5.00\ \mu C$

10. a) $A = 0.090\ m^2 = 9.0\ dm^2$
    $E = 150\ kV/m$
    b) $d = 5.0\ \mu m$
    $C = 160\ nF$
    Unebenheit der Oberfläche.
    c) $d = 0.33\ \mu m$
    $C = 6.0\ \mu F$
    d) $d = 1.3\ cm$

11. $m = 650\ kg$

12. $E = 28\ GJ = 7'700\ kWh$

13. $L = 0.60\ H$

14. a) Der Strom erreicht nicht sofort seinen
    Endwert, da die induzierte Spannung der
    von aussen angelegten Spannung
    entgegenwirkt.
    $R = 2\ k\Omega$
    b) $U_{bat} + U_{ind} = R \cdot I \Rightarrow U_{ind} = R \cdot I - U_{bat}$

$t = 0\ s$	$I = 0\ A$	$U_{ind} = -10\ V$
$t = 1.0\ ms$	$I = 2\ mA$	$U_{ind} = -6\ V$
$t = 5.0\ ms$	$I = 4.6\ mA$	$U_{ind} = -0.8\ V$

    c) Steigung der Tangente: $dI/dt = 1.5\ A/s$
    Induktionsspannung: $U_{ind} = -5.0\ V$
    $L = 3.33\ H$

15. a) $I = 0.075\ A$
    $E = 1.8\ J$
    b) $U = 45\ V$

16. $u = \hat{u} = 358\ V$

17. a) Dreieckschaltung Sternschaltung
    b) Dreieckschaltung: $U_1 = U_2 = U_3 = 400\ V$
    Sternschaltung: $U_1 = U_2 = U_3 = 230\ V$
    c) Die Dreiecksschaltung nimmt 3-mal mehr
    Leistung auf.

18. a) links: Neutralleiter N
    Mitte: Schutzerde PE
    rechts: Phase
    b) links unten: Neutralleiter N
    Mitte: Schutzerde PE
    rechts unten: Phase L1
    links oben: Phase L2
    rechtsoben oben: Phase L3
    c) Zwischen zwei Phasen herrscht eine Spannung
    von 400 V (Dreiecksschaltung).
    Zwischen Phase und Erde herrscht eine
    Spannung von 230 V (Sternschaltung).
    d) Ja

19. a) $I = 109\ mA$
    b) Wenn alle drei Schalter geschlossen sind, ist
    die Stromstärke 0 mA.
    c) Die drei Glühlampen leuchten normal weiter.

20. $u = u_{L1} - u_{L2} = \left| \hat{u} \cdot e^{i\omega t} - \hat{u} \cdot e^{i\omega t + \frac{2\pi}{3} i} \right| = \left| \hat{u} \cdot e^{i\omega t} \cdot \left(1 - e^{\frac{2\pi}{3} i} \right) \right|$

$$= \left| \hat{u} \cdot e^{i\omega t} \right| \cdot \left(\left| 1 - \left(-\frac{1}{2} + i \cdot \frac{\sqrt{3}}{2} \right) \right| \right) = \hat{u} \cdot \left| \frac{3}{2} - i \cdot \frac{\sqrt{3}}{2} \right|$$

$$= \sqrt{3} \cdot \hat{u}$$

21. $d = 2.08\ mm$

22. a) $R_K = 0.702\ \Omega$
    b) $R_M = 27.8\ \Omega$
    $U_M = 224.35\ V$
    c) $P = 1'808\ W$
    d) $P = 45.6\ W$

23. a) $P_v = 17.1\ MW$
    $P_v/P = 1.7\ \%$
    b) $P_v = 90.7\ MW$
    $P_v/P = 9.1\ \%$

24. a) $R = 3.6\ \Omega \qquad m = 1.5\ t$
    b) $d = 7.5\ mm \qquad m = 0.71\ t$

25. $\ell = 1.43\ km$

26. a) $R = 33.7\ m\Omega$
    $P = 810\ kW$
    b) $d = 50.8\ mm$
    c) $\rho = 3.63 \cdot 10^{-8}\ \Omega \cdot m$

27. a) $U = 16\ V$ (Effektivwert)
    $\hat{u} = 22.6\ V$ (Scheitelwert)
    b) $n_2 = 84$

28. a) $n_1 = 180$
    b) $I_1 = 3.6\ kA$
    $I_2 = 0.22\ kA$
    c) $P = 0.21\ MW$ (5.2 %)
    d) $\eta = 59\ \%$

29. Kondensatorentladung

30. Induzierte Spannung

31. a) Einweg-Gleichrichter

b) Zweiweggleichrichter

c) Zweiweggleichrichter geglättet

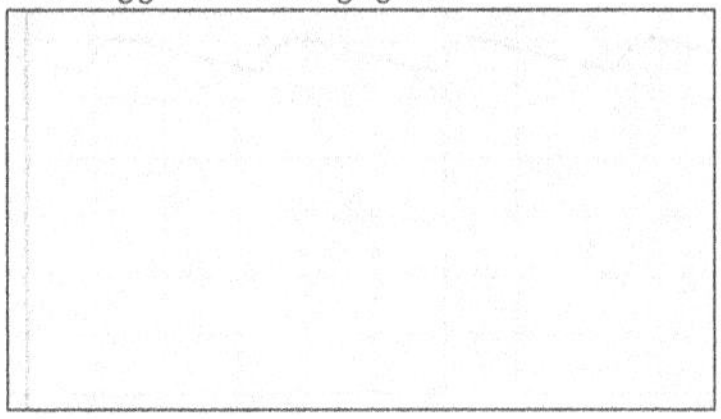

32. Schwingkreis

33. Tiefpass

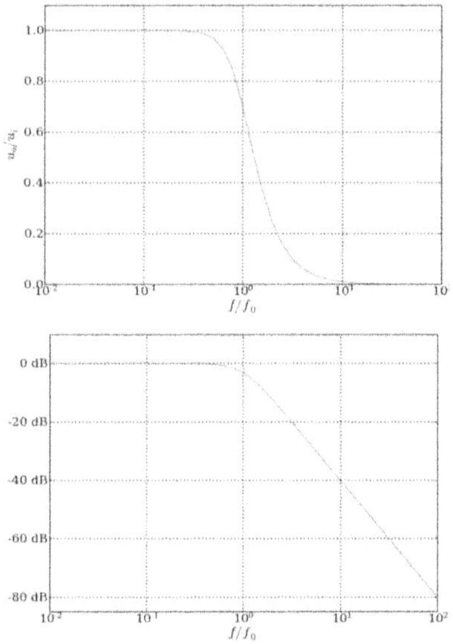

Hochpass: spiegelverkehrter Graph.

Bildquellen

Seite 1   „SMD Platine" von Aisart via Wikimedia Commons (Creative Commons BY-SA 3.0)

Seite 3   „Autobatterie" von Thomas Wydra via Wikimedia Commons (Public Domain)
           „Solarzelle" von WhistlingBird via Wikimedia Commons (Creative Commons BY-SA 4.0)

Seite 4   „Feingerätesicherung" von Medvedev via Wikimedia Commons (Creative Commons BY-SA 3.0)
           „Autosicherungen" von Havarhen via Wikimedia Commons (Creative Commons BY-SA 3.0)
           „Schweizer Sicherungen" von Audrius Meskauskas via Wikimedia Commons (Creative Commons BY-SA 3.0)
           „Zeit-Strom-Kennlinien" von wdwd via Wikimedia Commons (Public Domain)

Seite 5   „Kondensator" von SiriusA via Wikimedia Commons (Public Domain)
           „Kondensatoren" von Eric Schrader via Wikimedia Commons (Creative Commons BY-SA 2.0)

Seite 6   „Plattenkondensator" von Papa November via Wikimedia Commons (Creative Commons BY-SA 3.0)

Seite 7   „Polarisation" von wdwd via Wikimedia Commons (Creative Commons BY-SA 3.0)
           „Kondensator" von SiriusA via Wikimedia Commons (Public Domain)
           „Piezoeffekt" von MikeRun via Wikimedia Commons (Creative Commons BY-SA 3.0)
           „Piezo-Buzzer" von Stefan Riepl (Quark48) via Wikimedia Commons (Creative Commons BY-SA 2.0)
           „Feuerzeug" von Kimmo Palosaari via Wikimedia Commons (Public Domain)

Seite 8   „Historischer Kondensator" von Hannes Grobe via Wikimedia Commons (Creative Commons BY-SA 3.0)

Seite 9   „Elko" von Elcap via Wikimedia Commons (Public Domain)

Seite 10   „Spule" Zureks von MikeRun via Wikimedia Commons (Creative Commons BY-SA 3.0)

Seite 11   „Spulen" von Miguel via Wikimedia Commons (Creative Commons BY-SA 3.0)

Seite 13   „Starter" von D-Kuru via Wikimedia Commons (Creative Commons BY-SA 3.0)
           „Glimmlampe" von Simon A. Eugster via Wikimedia Commons (Creative Commons BY-SA 3.0)
           „Funktionsweise" von Nogo via Wikimedia Commons (Public Domain)

Seite 15   „Wechselstrom" von von SiriusA via Wikimedia Commons (Public Domain)
           „Fluke" von Christiankral via Wikimedia Commons (Creative Commons BY-SA 4.0)

Seite 16   „Dreiphasenstrom" von SiriusA via Wikimedia Commons (Public Domain)
           „Stern- und Dreiecksschaltung" von Curtis Newton ϟ via Wikimedia Commons (CC BY-SA 2.0)
           „Farben der Leiter" von Marekich via Wikimedia Commons (Creative Commons BY-SA 3.0)

Ergänzende Bemerkungen

Im Folgenden werden inhaltliche Ergänzungen, Präzisierungen und Kommentare gegeben. Die Auswahl ist eher eklektisch. Es handelt sich um Themen, die mich fasziniert und beschäftigt haben, und manchmal auch um solche, bei denen ich mich besonders intensiv damit auseinandersetzen musste, um sie zu verstehen. Sie gehen oft über den Rahmen des Mittelschulunterrichts hinaus. Meiner Meinung nach ist jedoch eine fundierte Kenntnis des Stoffes wichtig, um einen terminologisch und inhaltlich präzisen Unterricht zu gewährleisten.

Hinweise für Lehrpersonen

Einführung in die Elektrizitätslehre

Seite 1   **Blitze:** In der Erklärung eines Blitzes auf der Titelseite werden die grundlegenden Begriffe der Elektrizitätslehre, insbesondere Ladung, Strom und Spannung, erstmals verwendet. Die Erklärung des Phänomens selbst bleibt jedoch eher unklar. Dabei wird auf Richard Feynmans *Vorlesungen über Physik* Bezug genommen. Feynman erläutert ausführlich und teilweise umständlich, wie ein Blitz entsteht, und schliesst dann mit den Worten: „Offenbar ist seit langem bekannt gewesen, dass hohe Gebäude vom Blitz getroffen werden. Es gibt ein Zitat von Artabanis, dem Ratgeber des Xerxes, der seinem Herrn bezüglich eines geplanten Angriffs auf die Griechen einen Rat gibt [...]. Artabanis sagte: ‚Sieh, wie mit seinen Blitzen Gott immer die grösseren Tiere erschlägt und nicht duldet, dass sie anmassend werden, während ihn die kleineren nicht erzürnen. Und wie seine Blitze gleichermassen immer die grössten Häuser und die höchsten Bäume treffen.‘ Und dann erklärte er den Grund: ‚So liebt er es denn, alles zu erniedrigen, was sich selbst erhöht.‘ Glauben Sie – da Sie nun den Blitz, der in hohe Bäume einschlägt, richtig erklären können – dass Sie mehr Weisheit besitzen, um Könige in Militärangelegenheiten zu beraten, als Artabanis vor 2300 Jahren? [...]“

Seite 4   **Ladung:** Das Skript führt zunächst die elektrische Ladung als neue physikalische Grösse ein. An dieser Stelle können einige einfache, elektrostatische Experimente gezeigt werden, wie die Anziehung und Abstossung von Ladungen. Direkt wird anschliessend der Gleichstrom behandelt – und nicht, wie es aus logischer Sicht naheliegend wäre, die Elektrostatik. Der Grund dafür liegt in der praktischen Umsetzung: Schülerexperimente mit Gleichstrom sind deutlich einfacher durchzuführen als elektrostatische Versuche. Die gewählte Reihenfolge erleichtert es also, theoretische Konzepte durch Schülerexperimente besser verständlich zu machen. Ausserdem entspricht diese Herangehensweise eher der historischen Entwicklung der Elektrizitätslehre: Bis ins 17. Jahrhundert waren nur wenige elektrische Phänomene bekannt (wie Reibungselektrizität, elektrische Schocks oder Blitze). Erst mit der Erfindung der Voltaschen Säule, d.h. einer Gleichspannungsquelle, wurde eine systematische Erforschung der Elektrizität möglich, was im 18. und 19. Jahrhundert zu einem bedeutenden Aufschwung und grossen Fortschritten in der Elektrizitätslehre führte.

Coulomb: Im Skript wird das Coulomb als Basiseinheit eingeführt, obwohl im SI-System das Ampère als Basiseinheit definiert ist. Um das Ampère als Basiseinheit einzuführen, müsste jedoch zuvor der Begriff des Stroms behandelt worden sein. Daher wird hier dem Coulomb der Vorzug gegeben. Seit 2019 basiert die Definition des Ampères auf der Elementarladung, welcher ein fester Zahlenwert in Coulomb zugewiesen wurde. Die Definition im Skript orientiert sich ebenfalls am Wert der Elementarladung in Coulomb.

Seite 5   *Wassermodell:* Der Gleichstrom wird – wie in vielen Lehrmitteln üblich – mithilfe des Wassermodells (der elektro-hydraulischen Analogie) eingeführt. Diese Analogie bietet einen ersten Einstieg, sollte jedoch nicht überstrapaziert werden. Sie ist näherungsweise nur für Gleichströme und schwache Felder anwendbar. Bei hohen Frequenzen oder starken Feldstärken versagt die Analogie. Ausserdem ist sie im Unterricht nur bedingt hilfreich, da die Schülerinnen und Schüler in der Regel keine fundierten Kenntnisse der Hydrostatik und Hydrodynamik mitbringen.

Seite 7   *Spannung:* Die Spannung ist für die Schülerinnen und Schüler ein sehr schwieriger Begriff. „You are 14 years old in science class. The class is writing down definitions to learn about electricity. The textbook says that voltage is the number of joules per coulomb. You start imagining a really high voltage at an electrical power station. You start imagining all of those joules inside of that coulomb. But you realize you don't know what a joule is and you don't know what a coulomb is. The textbook says a coulomb is the amount of charge in quintillion electrons. Okay. And it says that a joule is a unit for measuring energy. But what's energy? The textbook says energy is the capacity to do work. But what's work? The textbook says work is the change in energy. So voltage is the thing that helps coulomb charges get work done by giving it energy. Or wait, that's not right. Maybe it's how much energy the electrons have? No, hold on. Because some electrons work harder than others and that means...

You are 17 years old in physics class. You're learning about electricity again, but more advanced. You're learning about electric forces and electric fields and electric potential and electric potential energy. Your textbook says that electric potential energy is the amount of work required to bring a charge to a given point all the way from infinity. This is useful information. You will remember it next time you bring a coulomb from infinity. The formula for electric potential is all these things divided by "r". The formula for electric field is all these things divided by "r squared", which is different. These are different formulas. You are learning. Kinetic energy is the energy something has when it's moving. But what is potential energy? Why does this equation give energy to the electrons? What's the point of saying that potential multiplied by "q" is potential energy? If you give charge to the potential, does it become energy? Why is potential multiplied by "q" the potential energy?

You are 19 years old in electric circuits class at university. You're learning about voltage dividers. What's a voltage divider? The voltage is being divided between the resistors because of the different voltages. Voltage is joules per coulomb. There are different numbers of joules in the coulombs in the resistor. If you multiply potential by "q" you get the potential energy for that resistor. This will help you do work when you bring the resistor from infinity.

You are writing your final exam for electric circuits. It's an open book final exam and your textbook tells you about the voltage dividers. The first question asks you to calculate the voltage drop across the resistor. Voltage drop across the resistor. The voltage is dropping over the resistor. The voltage is getting lower, lower to the ground, which is where the current goes. You finally understand. You finally understand what voltage is. Positive charge wants to get to the lowest potential, just like a ball wants to roll down a hill. The steeper the potential the more force it experiences. That explains the circuits and the equations and the whole energy per unit charge thing. Okay. That wasn't too hard. And so you leave your electric circuits exam, happy that you finally understand voltage. But why did it take you five years to understand voltage?

The idea of little balls rolling down a hill is not very difficult. Why did it take you five years to understand voltage? You are 19 years old. Five years is more than a quarter of your entire life. Why did it take you five years to understand voltage? You're probably just stupid, right? This isn't normal, right? Surely, most people don't normally take this long to understand voltage. Maybe you forgot to do some homework. Or maybe you missed the day where the teacher explained it properly. That's probably why it took you five years to understand voltage. [...]" [Text von Eigenchris: „What Is Voltage?" auf YouTube https://www.youtube.com/watch?v=ZSSNFkEMv24]

Seite 8   *Ohm'sches Gesetz:* Georg Simon Ohm suchte nach einem mathematischen Zusammenhang, um die „Wirkung fliessender Elektrizität" (die Stromstärke) in Abhängigkeit vom Material und den Dimensionen eines Drahtes zu berechnen. Dabei stiess er nicht zufällig auf das nach ihm benannte Gesetz, sondern investierte viel Zeit und Arbeit. Die von ihm gefundene Gesetzmässigkeit, das Ohm'sche Gesetz, erscheint uns heute fast trivial. Allenfalls kann das Gesetz auch nur als Definition des Widerstandes verstanden werden. Das Ohm'sche Gesetz lässt sich heute mit Schulversuchsgeräten problemlos demonstrieren. Im Jahr 1825 verfügte Ohm jedoch nicht über solche Geräte. Die damals verfügbaren Spannungsquellen wie die Voltasche Säule, waren nicht einfach regulierbar und hatten hohe Innenwiderstände. Die Messgeräte für Spannung und Strom waren eher Nachweisgeräte und nicht genau genug für präzise Messungen.

    Grössen und Einheiten: Eine Schwierigkeit der Elektrizitätslehre für die Schülerinnen und Schüler sind die vielen neuen Grössen und Einheiten: Us in Vs, Is in As, Ps in Ws, Ws in Js und Rs in Os (äh – nein, in Ωs). Alle diese Grössen und Einheiten sind für die Lernenden neu und müssen erst verinnerlicht werden. Zudem lassen sich die elektrischen Grössen nicht direkt beobachten, was das Verständnis noch einmal deutlich erschwert.

Seite 9   *Spezifischer Widerstand:* Die Auseinandersetzung mit dem spezifischen Widerstand dient dazu, ein tieferes Verständnis der physikalischen Ursachen des elektrischen Widerstands zu entwickeln. Ausserdem wird die Fähigkeit, I-U-Kennlinien zu interpretieren, erstmals eingeübt. Diese Fähigkeit ist zum Lesen und Verstehen von Spezifikationen elektronischer Komponenten unumgänglich.

Seite 10   *Heiss- und Kaltleiter:* Auch an diesem I-U-Diagramm kann das Interpretieren von Kennlinien geübt werden. Zudem soll erstmals gezeigt werden, dass das Ohm'sche Gesetz nur für bestimmte Materialien gilt. Insbesondere Halbleiter weisen ein stark nicht-ohmsches Verhalten auf und ermöglicht so erst die Konstruktion der meisten elektrotechnischen und elektronischen Geräte.

Seite 12   *AC/DC:* Bei der Band auf dem Bild handelt es sich natürlich um AC/DC ☺.

Seite 13   *Schaltungen:* Woher „weiss" das Elektron, wenn es die Spannungsquelle verlässt, welchen Widerständen es auf dem Weg zurück zur Quelle begegnen wird? Wie kann es wissen, dass es am ersten Widerstand nur einen Teil seiner Energie abgeben muss, da anschliessend ein zweiter Widerstand folgt? Diese etwas anthropomorphisierende Fragestellung lässt sich so nicht beantworten. Tatsächlich breitet sich das elektrische Feld im Leiter aus, und die Ladungen folgen dem Potential, das durch das Feld erzeugt wird. Es wirkt also lokal das Feld auf die Ladungen, und es ist keine Fernwirkung erforderlich, um das Verhalten von Ladungen in Stromkreisen zu erklären.

Seite 16   *Reibungselektrizität:* Die Reibungselektrizität wurde bereits um 550 v. Chr. von Thales von Milet an Bernstein beschrieben. Diese beruht auf dem energetisch günstigen Übergang von Elektronen zwischen zwei sich berührenden Stoffen infolge der Verschiedenheit der Austrittsarbeit. Es gehen solange Elektronen über, bis die sich dadurch aufbauende Potenzialdifferenz den Energiegewinn wettmacht. Charles du Fay erkannte 1733 bei Versuchen mit der Reibungselektrizität, dass sich die beiden Arten von Elektrizität gegenseitig neutralisieren konnten. Er bezeichnete die Elektrizitätsarten als Glaselektrizität und Harzelektrizität. Dabei entspricht die Glaselektrizität in der heutigen Bezeichnungsweise der positiven Ladung. Eine allgemein anerkannte Begründung für den triboelektrischer Effekt (Reibungselektrizität) findet sich erst durch die moderne Festkörperphysik. Entscheidend für die Aufladung zweier Materialien ist lediglich der blosse Kontakt. Voraussetzung ist eine unterschiedliche Austrittsarbeit der Materialien. Dabei kann es sich auch um zwei identische Materialien handeln, deren Fermi-Niveaus lediglich durch Feuchtigkeit oder auch Verunreinigungen am oder im Material verschoben sind. Die triboelektrische Reihe gibt die Elektronenaffinität eines Materials an. Je weiter ein Material am positiven Ende der Reihe steht, desto mehr Elektronen wird es bei Berührung oder Reibung an ein Material abgeben, welches weiter am negativen Ende der Reihe steht. Die tatsächliche Quantität der Ladungstrennung durch den triboelektrischen Effekt hängt jedoch von weiteren Faktoren wie Temperatur, Oberflächenbeschaffenheit, elektrische Leitfähigkeit und Wasseraufnahme ab.

Seite 19   *Coulomb-Gesetz:* Das Coulomb-Gesetz ist ein Fernwirkungsgesetz, bei der die Übertragung der Kraft physikalisch nicht näher erklärt wird. Daher herrscht in der Physik seit der Antike ein Missbehagen gegenüber Fernwirkungen. Vor allem aber widersprechen Fernwirkungen der Relativitätstheorie. Erst mit dem von Michael Faraday eingeführten Feldbegriff wurde dieses Problem gelöst. Das Coulomb-Gesetz gilt daher nur für statische und, in guter Näherung, für langsam veränderliche Ladungsverteilungen. Bei schnell veränderlichen oder bewegten Ladungsverteilungen müssen hingegen retardierte Felder betrachtet werden.

Coulomb-Kraft: Das Wort Coulomb-Kraft wird vermieden, da es sich aus heutiger Sicht um eine unphysikalische, fernwirkende Kraft handelt. Die Ladung erzeugt ein elektrisches Feld E und dieses bewirkt eine Kraft F_E auf eine Ladung. Die Ursache für die Kraft ist also das Feld und sie wird entsprechend mit dem Index E geschrieben.

$4 \cdot \pi r^2$: Es stellt sich die Frage, warum die Proportionalitätskonstante im Coulomb-Gesetz so kompliziert dargestellt wird und den Ausdruck $4 \cdot \pi \cdot r^2$ enthält. Laut Feynman ist dies historisch bedingt, wobei er den genauen Grund dafür nicht erläutert. Das Coulomb-Gesetz lässt sich elegant aus dem Gauss'schen Gesetz ableiten. Der elektrische Fluss Φ einer Ladung Q ist unabhängig vom Abstand und ergibt sich zu $\Phi = Q/\varepsilon_0$. Die elektrische Flusssichte E in einem Abstand r ist daher $E = \Phi/A = \Phi/4 \cdot \pi \cdot r^2$. Der elektrische Feldfluss verteilt sich also gleichmässig auf der Oberfläche einer Kugel, was zur bekannten Form des Coulomb-Gesetzes für die Kraft auf eine Ladung in einem bestimmten Abstand führt.
Das Coulomb-Gesetz wurde 1785 von Charles-Augustin de Coulomb veröffentlicht, während das Gauss'ssche Gesetz erst 1835 von Carl Friedrich Gauss publiziert wurde. Joseph-Louis Lagrange diskutierte jedoch bereits 1773 Konzepte, die dem Gauss'schen Gesetz ähneln. Es liegt daher nahe, dass der Ausdruck $4 \cdot \pi \cdot r^2$ im Coulomb-Gesetz aus der Idee des Flusses resultiert, die schon vor Gauss in der Physik diskutiert wurde.

Elektrische Feldkonstante: Die elektrische Feldkonstante ε_0 gibt das Verhältnis der Ladungsdichte ρ zur elektrischen Feldflussdichte E im Vakuum an (Gauss'sches Gesetz). Von der Bezeichnung *Permittivität des Vakuums* wird von der *Internationalen Elektrotechnischen Kommission* abgeraten. Die Permittivität ε gibt die Polarisationsfähigkeit eines Materials durch elektrische Felder an. Die elektrische Feldkonstante ε_0 ist jedoch eine Naturkonstante. Sie sorgt für korrekte Einheiten und beschreibt nicht die Reaktion des Vakuums auf ein Feld.

Seite 20 *Felder:* Das Coulomb-Gesetz ist ein Fernwirkungsgesetz, da es nicht erklärt, wie ein entfernter Körper B die Anwesenheit von Körper A "spürt", also wie die Kraft durch den leeren Raum übertragen wird. Zudem ist die Ausbreitungsgeschwindigkeit der Kraft in dieser feldlosen Theorie unendlich. Nach der Relativitätstheorie gibt es jedoch eine Obergrenze für die Ausbreitungsgeschwindigkeit aller Wechselwirkungen: die Lichtgeschwindigkeit. Um die Kausalität von Ereignissen nicht zu verletzen, müssen Wechselwirkungstheorien daher lokal sein. Der Feldbegriff bietet eine lokale Beschreibung von Wechselwirkungen. Eine Ladung ist von einem elektrischen Feld umgeben und reagiert auf Änderungen dieses Feldes in ihrer Umgebung statt direkt auf die Bewegung anderer Körper, die das Feld erzeugen. Das Feld selbst fungiert als Träger der Wechselwirkung. Die Maxwell-Gleichungen beschreiben, als zentrale Feldgleichungen der Elektrodynamik, wie und mit welcher Geschwindigkeit sich Störungen in einem solchen Feld ausbreiten und bestimmen so, wie schnell eine Ladung auf die Bewegung anderer Ladungen reagiert.

Nebst der konkreten Anwendung in der Elektrizitätslehre erscheint es mir wichtig, dass die Schülerinnen und Schüler den Feldbegriff als grundlegendes Konzept moderner physikalischer Theorien kennenlernen.

Seite 26 *Cobalt und Nickel:* Die Etymologie von „Cobalt" ist nicht abschliessend geklärt. Vermutlich leitet sich das Wort jedoch vom Begriff „Kobold" ab [Grimm'sches Wörterbuch (1868)]. Der Name bezieht sich auf die Vorstellung, dass Kobolde wertvolles Silber und Eisen durch ein anderes, glänzendes, aber wertloses Metall ersetzten. Auch der Begriff „Nickel" hat eine ähnliche Herkunft und leite sich von einem bösartigen Gnom namens „Nikolaus" (kurz Nickel) ab.

Seite 22ff *Lorentzkraft:* Die Lorentzkraft ist die Kraft, die auf eine Ladung wirkt, die sich in einem elektrischen oder magnetischen Feld befindet. Bei der Kraft F_E, die ein elektrisches Feld E auf eine Ladung bewirkt, handelt es sich also um den elektrischen Anteil der Lorentzkraft. Und analog dazu bewirkt das magnetische Feld B auf eine Ladung den magnetischen Anteil F_D der Lorentzkraft. Da sich magnetische und elektrische Felder durch die Lorentz-Transformation ineinander umwandeln lassen, ist es sinnvoll, beide Kräfte als Anteile einer Kraft zu betrachten.

Dazu ein Beispiel von Feynman: Betrachten wir einen ungeladenen Draht, in dem ein Strom fliesst. Bewegt sich ausserhalb des Drahtes eine einzelne Ladung mit der gleichen Geschwindigkeit wie die Driftgeschwindigkeit der Ladungen im Draht, dann erfährt diese Ladung im Ruhesystem des Drahtes eine Lorentzkraft aufgrund des durch den Strom verursachten magnetischen Feldes. Im Ruhesystem der Ladung ausserhalb des Drahtes hingegen existiert kein Magnetfeld, da in diesem System kein Strom fliesst. Somit scheint es, als würde auch keine (magnetische) Lorentzkraft auf die Ladung ausserhalb des Drahtes wirken. Dies kann nicht sein. Wenn wir das System transformieren, erfahren die Ladungen im Draht eine relativistische Längenkontraktion. Die im Vergleich zum Draht bewegten negativen Ladungen werden jedoch nicht gleich transformiert wie die ruhenden positiven Atomrümpfe im Draht. Im Bezug auf das sich bewegende System erscheint der Draht als geladen und übt eine (elektrische) Lorentzkraft auf die Ladung ausserhalb des Drahtes aus. Durch die Transformation hat sich also die Wirkung des magnetischen Feldes in eine solche des elektrischen Feldes verwandelt.

Fortgeschrittene Elektrizitätslehre

Seite 1   **Maxwell-Gleichungen:** Die Maxwell-Gleichungen können im Rahmen des gymnasialen Unterrichts mathematisch nicht behandelt werden. Sie sind überwiegend aus ästhetischen Gründen auf dem Titelblatt wiedergegeben. Die physikalischen Aussagen der Gleichungen lassen sich jedoch in Worten erläutern so, wie dies im folgenden Skript teilweise geschieht.

Seite 2   **Lorentzkraft:** Siehe dazu die Kommentare zur *Einführung in die Elektrizitätslehre*.

Seite 11   **Gesetz von Biot-Savart:** Das Gesetz von Biot-Savart wird hier lediglich der Vollständigkeit halber wiedergegeben. Mit einem gewissen rechnerischen Aufwand liesse sich daraus die magnetische Feldflussdichte sowohl für eine Leiterschleife als auch für einen unendlich langen, geraden Leiter ableiten. Diese Herleitungen sind jedoch wenig elegant und tragen nicht genügend zu den Bildungszielen des gymnasialen Unterrichts bei.

Magnetische Feldkonstante: Genauso wie bei der elektrischen Feldkonstante (vgl. Kommentare zur *Einführung in die Elektrizitätslehre*) rate ich davon ab, von der Permeabilität des Vakuums zu sprechen. Die magnetische Permeabilität μ bestimmt die Fähigkeit von Materialien, sich einem Magnetfeld anzupassen, d.h. sie bestimmt die Magnetisierung eines Materials in einem äusseren Magnetfeld. Die magnetische Feldkonstante μ_0 ist jedoch eine Naturkonstante und beschreibt nicht die Reaktion des Vakuums auf ein Feld.

Elektrotechnik und Elektronik

Seite 6   **Kapazität eines Kondensators:** Für die angegebene Herleitung sollte der Gauss'sche Satz bekannt sein. In der Regel wird von den Schülerinnen und Schülern jedoch problemlos akzeptiert, dass der Feldfluss unabhängig vom Abstand zur Quelle ist.

Seite 7   **Permittivität:** Die Permittivität beschreibt, wie Materie auf ein äusseres elektrisches Feld reagiert. Im Allgemeinen handelt es sich dabei jedoch nicht – so wie im Skript beschrieben – um eine Konstante. Die Permittivität ist nur konstant, falls die Polarisation der Materie proportional zum elektrischen Feld ist. Diese Permittivität kann jedoch von verschiedenen Faktoren wie Feldstärke, Frequenz und Richtung abhängen. Bei hohen Feldstärken wird der Zusammenhang zwischen Feldstärke und Polarisation in der Regel nicht linear, was zu entsprechen nichtlinearen Effekten führt, beispielsweise in der Optik. Bei hohen Frequenzen kann die Permittivität komplexwertig werden, was zum Beispiel Wärmeverluste im Material bewirken kann. Eine richtungsabhängige Permittivität wird durch einen Tensor beschrieben und so können Effekte wie die Doppelbrechung erklärt werden.

Seite 8   **Energie des elektrischen Felds:** Die Herleitung ist etwas salopp, um zu vermeiden, dass ein Integral ausgewertet werden muss.

Seite 11   **Permeabilität:** Genauso wie die Permittivität kann auch die Permeabilität nicht konstant sein und von weiteren Parametern abhängen. Der bekannteste Effekt ist wohl die Hysterese auf Grund der Abhängigkeit der Permeabilität von der magnetischen Feldflussdichte.

Seite 12   **Energie des magnetischen Felds:** Hier muss eine Differentialgleichung gelöst werden. Auch ohne vertiefte Kenntnisse von Differentialgleichungen lässt sich der Lösungsweg mit Hilfe eines Lösungsansatzes erklären.

Demonstrationsexperimente

Im Folgenden werden ohne Anspruch auf Vollständigkeit einige Experimente zu den Unterrichts-
inhalten aufgeführt. Sollte das Original-Experiment nicht verfügbar sein, stehen für die meisten
dieser Versuche hochwertige Animationen, Applets und Videos im Internet zur Verfügung.

Viele gelungene Animationen und Applets bieten zum Beispiel die University of Colorado, Boulder
(phet.colorado.edu), Paul Falstad (www.falstad.com), Walter Fendt (www.walter-fendt.de) oder
LEIFI-Physik (www.leifiphysik.de) an.

Zur Elektrizitätslehre gibt es eine Vielzahl von Experimenten. Im Folgenden wird nur eine kurze
Auswahl vorgestellt.

Einführung in die Elektrizitätslehre

Seite 1   Reibungselektrizität: Fell und Bernstein (altgriechisch ηλεκτρον "elektron" = Bernstein).
             Anziehung und Abstossung geladener Kugeln.
             Statische Aufladung von Klebeband beim Abziehen von der Rolle.
Seite 7   Oberflächenleitender Tischtennisball zwischen Kondensatorplatten.
Seite 8   Messung des Ohm'schen Gesetzes.
Seite 9   Widerstandsmessung von Drähten mit unterschiedlichen Querschnitten, Längen und
             Materialien.
Seite 10   Messung der Kennlinien von Metall- und Kohlenfadenlampen.
Seite 13   Messung des Widerstands von Parallel- und Serienschaltungen.
Seite 14f   Experimente gemäss Skript.
             Zusätzliche elektrostatische Experimente: z. B. das Aufladen einer Person (Haare stehen
             zu Berge) oder die Anziehung eines Wasserstrahls durch einen geladene Stab und
             Entladungen (Knistern, Funkenschlag, Entladung eines Elektroskops durch das Plasma
             eines Feuerzeugs).
Seite 20   Messung der Kraft zwischen geladenen Kugeln.
Seite 22   Visualisierung des elektrischen Feldes mit Griess in einem Dielektrikum.
Seite 25   Faraday-Käfig, Spitzenentladung und weitere Phänomene.
Seite 26f   Einfache Experimente mit Magneten: Anziehung verschiedener Materialien,
             Magnetisieren, Magnetnadeln zerbrechen, Kompassnadeln, Erdmagnetfeld etc.
             Visualisierung der Felder von Permanentmagneten mit Eisenspänen.
Seite 29   Visualisierung der Felder von Elektromagneten mit Eisenspänen.
Seite 31   Leiterschaukel im Magnetfeld.
Seite 32   Elektromotoren.

Fortgeschrittene Elektrizitätslehre

Seite 2   Messung der elektrischen Feldstärken von Punktladungen und Kondensatoren.
Seite 5   Elektronenkanone in einem Fadenstrahlrohr.
Seite 6   Demonstration der Braun'schen Röhre.
             Durchführung des Millikan-Versuchs.
Seite 8   Demonstration einer Röntgenröhre und eines Photomultipliers.
Seite 10   Messung der Durchschlagspannung in Luft.
Seite 12f   Messung der Magnetfelder von Schleifen, Spulen, der Erde etc. mit einer Hallsonde.
Seite 15   Messung von e/m mit einem Fadenstrahlrohr.
             Demonstration eines Wien-Filters.
Seite 17   Demonstration einer Fernsehröhre.

Elektrotechnik und Elektronik

Schlussworte

Urheberrechte & Bildquellen

Das vorliegende Werk erhebt keinen Anspruch auf wissenschaftliche Originalität, sondern stellt eine Einführung in die Thematik dar. Bei der Erstellung der Unterlagen wurden die freie Enzyklopädie Wikipedia und andere Quellen unter freien Lizenzen konsultiert. Die Texte enthalten deshalb teilweise Paraphrasen aus diesen Quellen. Viele der Übungen wurden selbst verfasst. Bei vielen Aufgaben liess ich mich dabei von Aufgaben von Kolleginnen und Kollegen inspirieren.

Die Bildquellen und zugehörigen Urheberrechte sind im jeweiligen Skript detailliert aufgeführt. Sie dürfen, sofern entsprechend ausgewiesen, im Rahmen der jeweiligen freien Lizenzverträge (Creative Commons www.creativecommons.org, GNU Public Licence www.gnu.org, Public Domain) weiterverwendet werden. Ich habe sorgfältig versucht, alle Bildrechte zu klären und korrekt anzugeben. Sollte mir dennoch ein Fehler unterlaufen sein, bitte ich Sie, mich zu kontaktieren.

Danksagungen

Ich möchte meinen aufrichtigen Dank an meine Kolleginnen und Kollegen sowie an die engagierten Schülerinnen und Schüler aussprechen, die sich die Zeit genommen haben, mir Fehler und Unstimmigkeiten in den Skripten zu melden. Ein besonderer Dank gilt meiner Frau Caroline, die die Skripte sorgfältig gegengelesen und wertvolle Korrekturen vorgenommen hat. Ihre Unterstützung war von unschätzbarem Wert und hat massgeblich zur Verbesserung der Skripte beigetragen.

Über den Autor

Christian Wyss schloss sein Studium in Physik, Mathematik und Philosophie an der Universität Bern ab, wo er in angewandter Laserphysik promovierte. Bereits während seiner Studienzeit engagierte er sich als Lehrer an verschiedenen Gymnasien. In der Folge vertiefte er seine Expertise in der universitären Forschung als Postdoctoral Fellow an den Universitäten von Canterbury und Otago in Neuseeland. Bevor er sich seinem Berufsziel als Gymnasiallehrer zuwandte, erweiterte er seinen Erfahrungshorizont und wirkte als Patent- und Innovationsexperte beim eidgenössischen Amt. Im Anschluss gründete und leitete er erfolgreich eine Spin-off-Firma in der Technologiebranche.

mathema

Das altgriechische Wort μάθημα (máthēma) bedeutet Wissen, Studium, Lehre, Unterricht und heisst wörtlich „das, was gelernt wurde".

Klassenmaterial

Mit dem Erwerb dieses Buches erhalten Sie gleichzeitig die Berechtigung zur Nutzung der Unterrichtsunterlagen für Ihre Schülerinnen und Schüler. Im Internet stehen Kopiervorlagen der Unterrichtsunterlagen, bestehend aus unausgefüllten Skripten und den dazugehörigen Lernzielen, zum Download zur Verfügung.

Adresse: www.mathema.ch / Passwort: P8%fg73